ちくま文庫

新編 空を見る

平沼洋司
武田康男 写真

筑摩書房

目次

はじめに　8

[空を見る]

薄明《はくめい》――〝かぎろひ〟とは　12
初日の出――一陽来復と正月・クリスマス　16
朝焼け雲――春はあけぼの……　20
青空――地球は青かった！　24
都会の空――東京から富士山は何日見える？　28
ゆきあいの空――晩夏から初秋の空　32
空と人と風と――風は地球の呼吸である　36
地球影《ちきゅうえい》――冬の朝のピンクの空　40
赤い夕焼け・青い夕焼け――火星の夕焼けは青い！　44

火山噴火後の夕焼け――火山噴火と異常気象　48
台風・ハリケーン・サイクロン――エネルギー源は蒸気機関車と同じ　52

［雲を見る］

雲海――雲の上はいつも快晴　56
乳房雲《にゅうぼううん》――竜巻の発生はあるか！　60
笠雲と吊し雲――富士山の雲は天気俚《り》言《げん》の宝庫　64
積乱雲――夏の風物詩だが災害を起こす雲！　68
巻雲《けんうん》――雨シラス・晴シラス　72
飛行機雲と雲の穴――消滅飛行機雲と穴空き雲　76
波状高積雲――葛飾北斎《かつしかほくさい》の赤富士「凱風快晴《がいふうかいせい》」　80
波頭雲《はとううん》（浪雲《なみぐも》）――航空機が恐れる晴天乱気流　84
カルマン渦《うず》――虎落笛《もがりぶえ》の音　88
一〇種雲形――雲の種類は世界共通　92

［光を見る］

彩雲――その出現で元号改変　96
光環（光冠・コロナ）――近年は花粉光環が多く発生　100
光芒《こうぼう》――天使の梯子《はしご》・ヤコブの梯子　104
光輪――航空機によるブロッケン現象　108
ブロッケン現象――「御来迎《ごらいごう》」と「御来光《ごらいこう》」の違いは？　112
太陽と月の暈《かさ》――暈は雨の兆し？　116
幻日《げんじつ》――偽の太陽・五日並日　120
虹――追いかけてもその下には行けない！　124
白虹《はっこう》――白虹日を貫けり　128
太陽柱《たいようちゅう》――国の宗教も変えさせた　132
蜃気楼《しんきろう》――逃げ水もその一種　136
二重富士――武田氏の写真から命名された現象　140
オーロラ――人生で一度は見たい現象の第一位　144

［雨・雷・雪を見る］

寒冷前線――芥川龍之介の自殺の原因は？　148
驟雨《しゆうう》――馬の背を分ける雨　152
雷――〝地震・雷・火事・親父〟　156
幕電《まくでん》――増加している雷日数　160
露《つゆ》――雪迎え・天使の髪　164
雪の結晶――雪は天からの手紙である　168
日本海側の雪雲――津軽の七雪　172
けあらし――霧《きり》・靄《もや》・霞《かすみ》・朧《おぼろ》　176

屈折、反射、回折、散乱、視半径　180
一〇種雲形の図と表　182
おわりに　平沼洋司　184
おわりに　武田康男　187

＊写真、キャプション＝武田康男

新編　空を見る

はじめに

人はどんな時に空や雲を眺めるだろう。晴れやかな時だろうか。悲しい時だろうか。そんなアンケートがあった。結果は、「病室の窓から」「介護に疲れた時」「くじけそうになった時」「仕事が終わった時に空を見上げると元気がでる」など、どちらかというと逆境にある時のほうが多いようだ。果てしなく広がる空や雲を見上げると、勇気や明るさ、未来、期待などが感じられるからだろうか。

次の見開きページの雲の写真はいかがだろう。青い空と白い雲の中、大空をカワウがV字型に並んで飛んでいる。一生懸命飛んでいる。がんばれと応援したくなるようだ。最近はこんな風景を見なくなってしまった。いや、注意して周りの自然や空や雲、海や山、都会を眺めれば、いろいろな表情を見せてくれる。

人生の思いを託しやすかったのか、歌人や詩人は空や雲を愛し、詩に詠み込んでいる。古《いにしえ》人もまた、よく空を眺めていたようだ。『万葉集』に収められた約四千五百余首の長短歌のうち、約九百七十余首に雲、雨、雪、露《つゆ》、霧《きり》、霞《かすみ》、霜《しも》などの気象現象が歌われているという。

「冬ながら空より花の散りくるは雲のあなたは春にやあるらむ」

平安時代の『古今和歌集』で詠まれた清原深養父《きよはらのふかやぶ》の和歌だ。大意は、空から花（雪）が散ってきた、雲の向こうはもう春なのであろうと、雪を花と見て思いを馳せている。現在でも晴天時に降る雪を「風花」というのはその名残か。

「秋風にたなびく雲の絶え間よりもれ出づる月の影のさやけさ」

『新古今和歌集』、左京大夫顕輔《さきょうのだいぶあきすけ》の和歌。大意は、秋風に吹かれ流れる雲の切れ間から漏れてくる月の光のなんと清々しいことよ、となる。

近代詩人の宮沢賢治は『春と修羅』で「雲の信号」という詩を書く。

「あゝいゝな　せいせいするな／風が吹くし／農具はぴかぴか光つてゐるし／山はぼんやり／……そのとき雲の信号は／もう青白い春の／禁慾のそら高く掲げられてゐた／……」

普段は気にもしない空や雲。しかし、空を眺めることで心をなぐさめ、心身を豊かにしてくれる何かがあるように思う。そう、〝人間にはパンだけでなく、心や魂にも栄養が必要なのだ〟。そんな心の栄養である自然を眺めてみませんか。

はじめに

東京都（臨海副都心）1997年9月20日撮影

［空を見る］

薄明《はくめい》——〝かぎろひ〟とは

神秘的で荘厳さを感じさせながら次第に明るくなっていく夜明けの空。太陽はまだ地平線より下にあるが、空が次第に明るくなっていく状態を「薄明」という。

『枕草子』の冒頭、「春はあけぼの。やうやうしろくなりゆく、山ぎはすこしあかりて、紫だちたる雲のほそくたなびきたる」と書かれた、あけぼのの空が薄明である。

大気が乾燥して澄んでいるために、空の色は地平線から天空に向かって橙《だいだい》・黄・紫・青と壮大に染まっている。だが、それも瞬間的で色は刻々と変化していく。写真では、まだ太陽の光が届いていない空に三日月形の月と、そのやや左の下方に明けの明星である金星が輝いている。

月の太陽の光が当たっていない部分に地球からの反射光が当たり鈍く輝く「地球照《ちきゅうしょう》」も確認できる。清々しく美しい空である。

薄明には天文薄明・航海薄明・市民薄明の三つの時間帯がある。それは太陽が地平線下のどの位の位置（角度）にあるかで決まる。天文薄明は地平線下一八度に達した時（日の出前九〇分）であり空は少しずつ明るくなるがまだ暗い。航海薄明は地平線下一二度に達した時（日の出前六〇分）で空は明るさを増し青白くなってくる。市民薄明は太陽が地平線下六度に達した時（日の出前三〇分）で東の空は下から赤、橙、黄色になって上空では青色がはっきりしてきて人々が戸外で照明なしで作業ができるころになる。

『万葉集』の巻一の四八番には柿本人麿の有名な和歌がある。

「東《ひむがし》の野に炎《かぎろひ》の立つ見えてかへり見すれば月傾きぬ」

この和歌に使われている「炎《かぎろひ》」には「薄明」の時間帯と「陽炎《かげろう》」の二つの意味があり、この歌は薄明の時間帯の意味となる。さらに「かぎろひの」は「春」や「心燃ゆ」に掛かる枕詞の使われ方もある。

古《いにしえ》人にとって空は、神々の住む偉大な世界であると同時に思索の領域でもあった。とくにギリシャの哲学者ピタゴラスやプトレマイオスは、宇宙の成り立ちを神話的に解釈せず、理論的に考察しようとした。しかしその後、中世ヨーロッパなどではキリスト教の勃興とともに〝創造主は六日間で万物を創った〟という宇宙観が定着してしまった。ともあれ、空の変化は人間にとって深い思索の場であるようだ。

薄明　乾燥してよく晴れた日、日の出40～50分くらい前の夜明けの色彩がとても美しい。寒いほどきれいで、日没後の薄明より朝の方が鮮やかだ。栃木県

初日の出――一陽来復と正月・クリスマス

年の初めには、森羅万象ことごとく「初」がつく。初詣《はつもうで》、初荷、初空、初富士、初明かりなどなどである。きょうは昨日の続き。元旦を境にすべてが新しくなるわけではないのだが、なぜか、こと改まった感じがする。初日の出にしても、大晦日《おおみそか》とおなじ太陽なのに、元旦に見れば、新たな、すがすがしい気持ちになるから不思議だ。

写真は本州の平地としては最も早く初日の出が見られる銚子《ちょうし》からの日の出である。手前の上層の雲が黄金色に染まり荘厳ささえ漂わせている。

地球に生命をもたらした太陽の光は、太古の昔から各地の民族に太陽崇拝の心を育んだ。インドでは神々をデーヴァと呼ぶが、これはラテン語のデウス、ギリシャ語のテオスと語源的に同一で「輝かしい」という意味を持っている。日本の天照大神《あまてらすおおみかみ》も太陽崇拝の神である。

だが、とりわけ陽光を大切にし、強い関心を持っているのが、冬には太陽光が射さない極夜《きょくや》もある北欧の人々だ。北欧では冬至を、この日から再び光が強く長くなる

〈太陽の誕生の日〉として崇《あが》めた。この日がキリストの誕生日、クリスマスとして祭られ、さらには一年の始まりともなったようである。ちなみに、中国では冬至を一陽来復といい、よくないことが続いた後によいことがめぐり来る日とした。正月行事として初日の出を拝む風習は、世界各地の太陽崇拝と一脈通じるものがあるのである。

その日の出の時刻は経度と緯度、高度の三つで決まる。より東、より南の地で、海抜のより高いところが早い。島や山を含めた日本列島でみると、小笠原諸島の父島が最も早い。遅いのは福岡市、長崎市である。山では富士山が早く、八丈島と同じ時間だ。

では元旦の日の出頃の天気はどうか。少々古いが、気象庁の資料で日の出前の六時の雲量と天気を調べたものがある。全国約六〇の気象台、一九六一～九七年の三七年間の統計によると、雲量が八割未満の晴れの出現率が最も高いのは前橋で八一パーセント、二位は御前崎で七六パーセント、三位は甲府、尾鷲《おわせ》、潮岬《しおのみさき》、清水、室戸岬で七〇パーセントであった。逆に晴れにくい地点は旭川《あさひかわ》の五パーセント、青森、秋田の八パーセント、酒田の一一パーセントなどだ。東京は五四パーセントの晴れ率であったが、一九九五～九九年の五年間では八〇パーセントの確率で晴れとなっている。

初日の出
犬吠埼は平地で最も初日の出が早く、数万人が集まった。道路も鉄道も混んでたいへんだったが、この一瞬をみんなで見つめた。千葉県

朝焼け雲——春はあけぼの……

「夕焼けは晴れ、朝焼けは雨」。この天気俚諺《りげん》（ことわざ）は、各国で言い伝えられた世界最古のものといわれている。

それは新約聖書にも書かれており、「夕に汝ら〝空赤き故に晴ならん〟と言い、また朝には〝空赤くして曇る故に、今日は荒れならん〟と言う。汝ら空の気色を見分くることを知りて……」。これは新約聖書の聖マタイによる福音書一六章にあり、まさに「夕焼けは晴れ、朝焼けは雨」の天気俚諺と同じである。

古の人類は生きていく生活の術として、昔から「空」や「雲」の変化や動きを観察して利用してきた。現代人は忙しさにかまけて、空や雲をあまり眺めなくなってしまったように思える。

かの清少納言が『枕草子』で、この世の「美しきもの」の冒頭に挙げているのが「春の朝の空：春はあけぼの」である。清少納言が見た空も、このような空だったのだろうか。みごとな朝焼け雲だ。

だれでもこのような空と雲を見ることはできる。そう、「早起きは三文の徳」ということわざのとおり、ともかく朝早く起きればいいのだ。

この写真の雲は二層の高積雲と思われる。俗に「ひつじ雲」「むら雲」などと呼ばれている雲である。雲が一番美しく色づくのは、この高積雲である。高積雲は温帯地方ではだいたい高度二～七キロメートルに現われる。これより上層の巻雲《けんうん》などでは、雲は薄すぎる上に、太陽が巻雲を彩るには光が弱い。かといって下層の層積雲や層雲では雲が厚すぎるのと、太陽の高度が高く光が強すぎて雲に色が出ないのである。適当な雲の厚さと光ということになると、高積雲が最高となる。

ところで、「夕焼けは晴れ、朝焼けは雨」のことわざが当たる確率は、統計的には六〇パーセント程度と言われる。だが、これに雲の知識を備えれば利用価値はさらに高まる。それには雲をより多く見て観察することだが、一般的に晴れになる場合は高積雲が広がる雲の間からはっきり青空が見えてくるが、悪天になる場合は高積雲と一緒に上層の巻雲や巻層雲などが空一面を覆うことが多いようである。

（雲の種類については、九二頁、一八二頁参照）

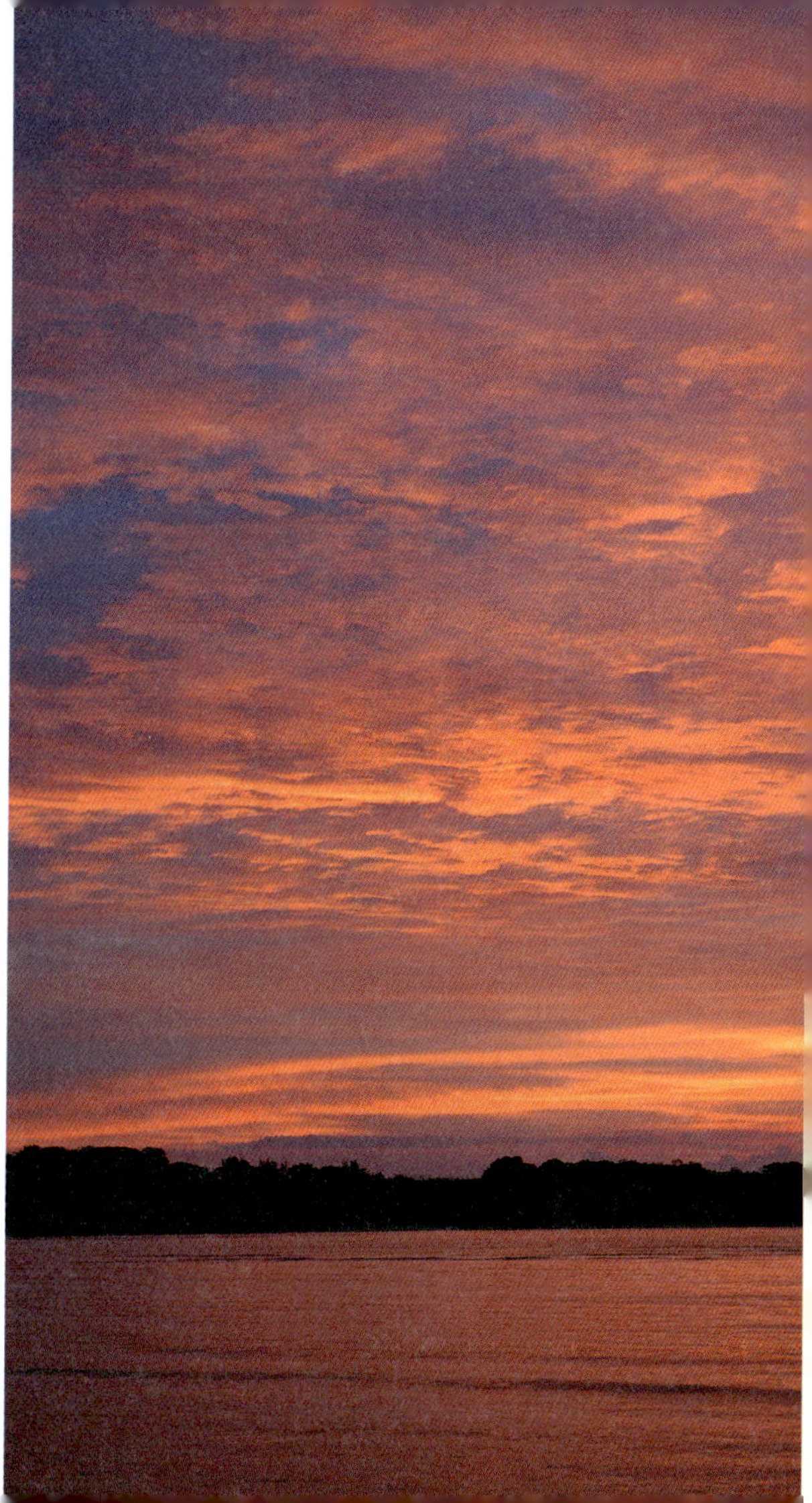

朝焼け雲　日の出直前に高積雲が数分間だけ赤く染まり、海にも映った。沖縄は日の出時刻が遅いため、朝が苦手な人でも朝焼けを見るチャンスが多い。沖縄県

青空――地球は青かった！

富士山の山頂付近から見た空の色である。都会などの平地で見られる空の青より深い青で紺色に近く、神秘的で吸い込まれそうな感じである。

朝起きて空が青いと幸せな気持ちになる。そして、青空、青い海、青い山など、空も海も山もみな青で表現される。一九六一年に宇宙から初めて地球を見た旧ソ連のガガーリン少佐は、「地球は青かった」と言った。こう見てくると地球は青で染まっているかのようである。ではなぜ空は青いのか。

太陽からの光は白色光と呼ばれ、全体としては黄色に近い白い色をしている。昼間、手をかざして太陽光をさえぎりながら太陽の方向の空の色をみると、空は青くはなく、乳白色にみえる。晴れていても空全体が青いわけではないのだ。

この太陽の光をプリズムに当てると、光は赤・橙《だいだい》・黄・緑・青・藍《あい》・紫の七色の虹色に分解される。小学校などで、こうした実験を経験された方も多いだろう。これは太陽光を構成している七色の波長が違うためだ。赤が一番長く、紫が短い。この太陽光が空気の分子などに当たると、波長の短い紫や青色の方からより多く散乱し、これが、空が青く見える原因なのである。

これは、イギリスの物理学者J・W・S・レイリーによって解明された。彼の理論によれば、青の光の散乱は赤に比べて一六倍も散乱の程度が大きいことになる。そして、この学説は従来の「青空は空気中に浮遊する塵《ちり》や水滴に太陽光があたって散乱するため」という説を覆す画期的なものであった。

地球上には色が満ちている。赤、緑、青は光の三原色である。赤は太陽、緑は大地を覆い、青は空気と水の色として人間をはじめ地球上の生物にとって欠かせない存在である。

人は青に対して透明さ、涼しさ、若さ、まじめさ、安全性などを感じるようだ。二〇世紀に青春真っ只中の世界の若者五五〇〇人に、好きな色を尋ねたアンケートがあった。結果は青が第一位。二一世紀を色で表現したら、との問には青、緑、オレンジが回答の上位を占めた。青は「宇宙や地球の時代」を象徴し、緑は「地球の環境保全」に願いを込めて選ばれたという。空の青色は永遠の色のようである。

青空

日本で最も高い富士山頂は、空の青さも格別だ。そこに気象庁の富士山測候所があった頃の写真で、レーダードームが白く輝いていた。富士山

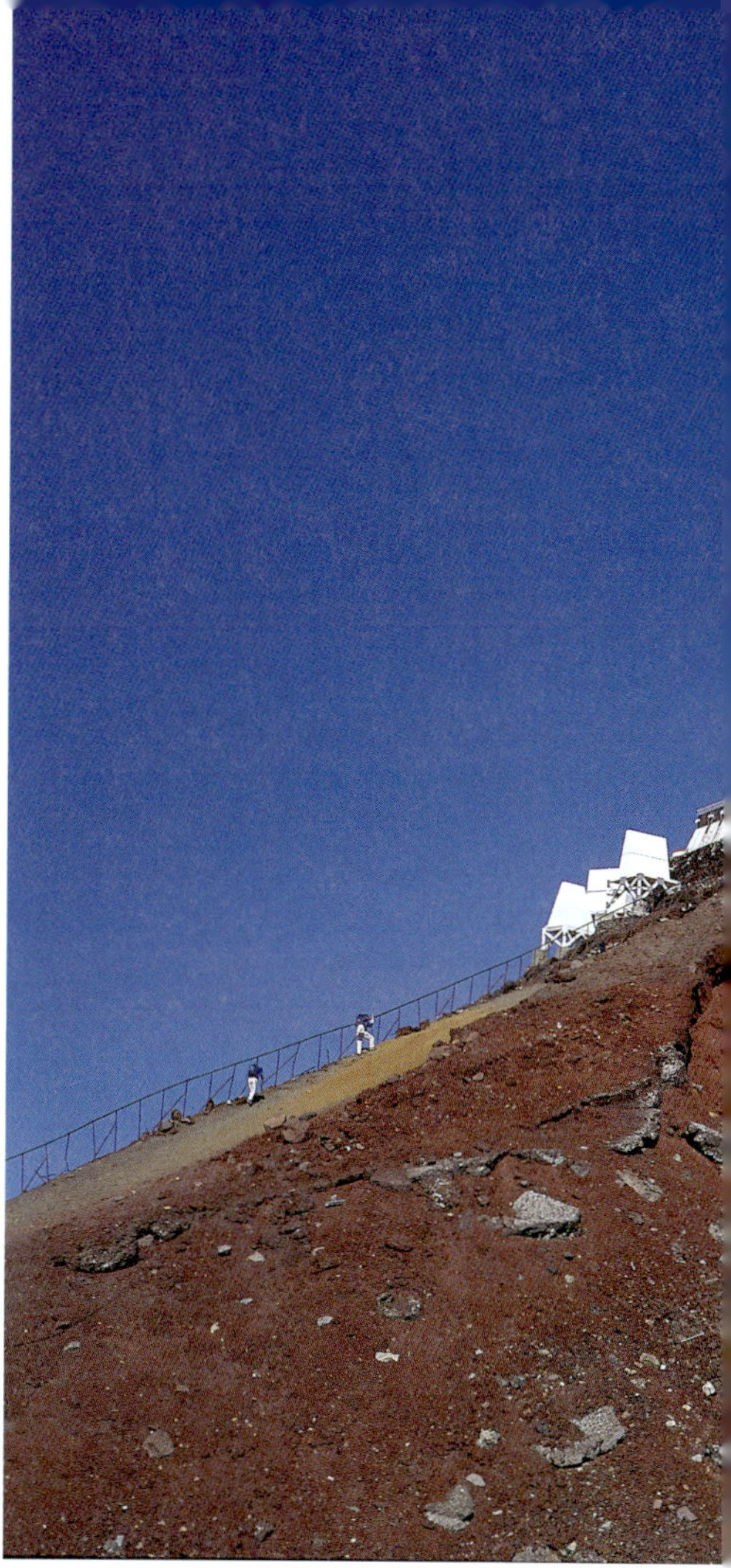

都会の空——東京から富士山は何日見える？

「智恵子は東京に空が無いといふ、
ほんとの空が見たいといふ。
私は驚いて空を見る。」……

高村光太郎の詩集『智恵子抄』の中にある「あどけない話」の有名な一節である。『智恵子抄』が出版されたのは一九四一年（昭和一六年）。当時の東京の空はどんなだったのだろう。高層ビルが乱立し一四〇〇万人が生活する現在の東京の空を智恵子はどう見るであろうか。

近年の東京の空は環境問題への関心の高まりなどで高度成長期と比較するとだいぶ青い空が蘇《よみがえ》っているが、伊豆大島方面から羽田空港に着陸する飛行機から見ると東京の上空一面に灰色のフェイズ（スモッグ）に覆われているのを見ることがある。

東京の空の汚れを見る指標といえば、東京から富士山が一年間で何日くらい見えるかの富士見日数がある。この富士見日数は、雨や曇りの日などの気象条件にも左右されるので、見えると期待される日数は一年間に約一〇〇日といわれている。

智恵子が見上げた昭和のはじめの東京の空の観測は残念ながらないが、さらに時代をさかのぼる、一八七七年（明治一〇年）に一二月二一日から翌年一〇月二一日の三〇四日間にわたって東京大学で観測された資料によると、富士見日数は八二日だった。これを一年に換算すると約一〇〇日となる。明治時代の東京の空はきれいだったようだ。

一九六〇年代以降に、東京の吉祥寺にある成蹊高校が富士見日数を観測していた。最も少なかったのが一九六五年の二二日。当時は高度成長期で大気汚染の原因である硫黄酸化物や一酸化炭素の濃度が最も高かったころだ。その後、一九六〇年代後半に「公害対策基本法」や「大気汚染防止法」が制定され汚染物質の濃度が下がりオイルショックの一九七三年以降は富士見日数も平均七〇日ほどに回復した。

近年では東京都が都庁舎から富士見日数の観測を始め、一九九二年から二〇二二年の三〇年間の観測日数は一年平均で九三日となり、東京の空はかなりきれいになってきているようだ。

写真は現在の東京都心の空である。以前は東京で一番高かった東京タワーが、今は周りのビルに隠れている。空は青く元気になってきているが、ビル群の少し上には薄いがフェイズ（汚れ）が漂っているのが確認できる。

都会の空　渋谷の展望台から見た春の都心の空である。頭上は青空だが、高層ビル群の低空にはPM2.5などの大気微粒子の層が薄い紫色に漂っている。

ゆきあいの空──晩夏から初秋の空

「夏と秋とゆきかふ空のかよひぢはかたへすずしき風や吹くらむ」

これは、『古今和歌集』にある凡河内躬恒《おおしこうちのみつね》の和歌である。大意は、夏と秋とがすれ違う空の道の片方の道には涼しい風が吹いているだろうか。旧暦の六月《みなづき》のつごもり（最終日）の日に詠めるとあり、現在の立秋の頃になる。

次の写真の空も八月七日の立秋の日に撮ったもので、遠くに夏に似合う積乱雲（入道雲）があり、頭上には秋に似合う巻雲《けんうん》（すじ雲）がある。二〇二三年の暑い夏の空で、二つの雲はどんな会話をしているのだろうか。

「夏から秋にかけての空」や「二つの季節が行きかう空」「次の季節に移り変わろうとする頃の空」を「ゆきあいの空」という。

季節の推移を知らせてくれるものには、風や気温、草花や昆虫の鳴き声などいろいろあるが、空や雲の変化もそのひとつであるように思う。特に高く青く澄んだ空に、刷毛《はけ》ではいたように現れる「巻雲」は、凛として秋を感じさせてくれる。

秋の空によく現われる雲は、巻雲や巻積雲（いわし雲）などである。これらの雲が現れるのは上空五キロメートルから一三キロメートルである。これくらいの高さになると気温は氷点下二〇度から五〇度にもなる極寒の世界で、見た目には柔らかい羽衣や、刷毛ではいたように見える雲だが、実際は氷の結晶でできており、凛とした厳しい気配があるのはそのためだろうか。

流れる雲を見ていると、雲はいろいろなことを話しかけてくれる。空と向き合うと人は素直になれるようだ。詩人はよく空を眺めている。


「雲もまた自分のやうだ／自分のやうに／すつかり途方にくれてゐるのだ／……」

（「ある時」山村暮鳥《ぼちょう》）


少々悲しい詩だが、悲しいときは誰にでもある。そんなとき、空を眺めてみてはいかがだろう。普段は気にもしない空や雲だが、眺めることで、心を静かにそして豊かにしてくれる何かがあるようだ。元気がないとき、あるいは清々しいとき、どんなときでもいい、数分でもいい、空を眺めてみたいものだ。

空や雲が、何か希望を与えてくれるかもしれないから……。

秋に似合う「すじ雲」が見え、季節の推移が感じられる。(2023年8月立秋の日)

ゆきあいの空　撮影、キャプション：平沼洋司　神奈川県葉山海岸にて。遠く伊豆大島付近に夏に似合う「入道雲」が見えるが、上空には、

空と人と風と——風は地球の呼吸である

ブラジルのなぞなぞに、「世界中の人がいましていることは何?」というのがある。答えは「呼吸」とのこと。地球上の生き物はすべて空気を吸って生きている。普段あまり意識しない空気だが大切なものである。天気予報はこの空気の動きを観察して予報をしている。生活の中の空気や風を考えてみよう。

辞書で、空気の「空」の項をみると「天と地との間のむなしい所」「時節」「方向、場所」「無駄」「無益」「いつわり、うそ」などなにかあまりかんばしくない意味が載っている。また、「気」の項をみると「空間に起こる自然現象」「万物の生成する根源」「精気」「精神」「力」「勢力」「根気」「心」「人気」など「空」とは反対に活力に満ちた意味が多くあった。

「気」を使った言葉を拾ってみると、元気、気楽、和気、精気、生気、やる気、気分、病気、嫌気、気兼ね、気後れ、気障、気苦労など二面性を持っていた。

空気とはむなしさと精気の入りまじった複雑なもののようである。

気象は地球の空間を満たす大気を研究する学問である。空気の複雑な動きで変わる天気・気象・気候とみな「気」が使われている。獏としたむずかしいものを相手にしているのが天気予報といえるようだ。たまに外れるのも致し方ないのかもしれない。

空間、時間、人間には、発音は異なるがみな「間」という文字が入っている。日本人はこの「間」を重要視してきた歴史がある。

日本画の空間表現、歌舞伎や落語にみられる「間」のとり方、茶の湯のあの小さな空間の緊張感などだ。家の作り方をみても、西洋のようにレンガや石で自然を遮断するのではなく、風を通し自然を取り入れる空間様式が日本建築であった。

人間の心の問題としても空間は必要のように思われる。空間は＝自然・余裕につながるからである。特に忙しい現代人にとってはニュートラルな時間である「間」が必要なのではないか。それは都市にとってもいえるようだ。自然という都市空間の重要性である。空間は風通しをよくする。

環境ビデオの第一人者で芥川賞作家、「千の風になって」の作曲など多岐に活躍した新井満氏は書く。

「風は地球の呼吸である。
都市の加減である。
風がなければ、ものはくさる。
都市もくさる。そして人間も。」

した場所で心身をリフレッシュすることも大事だと思う。長野県

空と人と風と　霧ヶ峰高原の澄んだ空に、いろいろな高さの雲が浮かび、さわやかな風が吹き、空気がおいしいと感じた。こう

地球影《ちきゅうえい》――冬の朝のピンクの空

印象派の巨匠クロード・モネが絵画「日の出」を描き、宮沢賢治が心象スケッチ『春と修羅《しゅら》』の中で「東の雲ははやくも蜜のいろに燃え」と書いているように、薄明から日の出へと、刻々と複雑に変わりゆく朝の東の空は、古今東西の芸術家を魅了してやまない。

しかし、自然の美に敏感な彼らも、朝の西の空でも美しく貴重な光景が繰り広げられていることに気づいていなかったようだ。

写真は朝の薄明どきの西の空を見たものである。上空は淡いピンク、中ほどは濃いピンク色、そして山の端から少し上のところには横一線にブルーに染まったところがある。まるで雲の幕がかかっているように見える。

ピンクとブルーの境界線は何だろうか。この芝居の緞帳《どんちょう》のようなブルーの幕は地球の影なのである。これを地球影と呼んでいる。

日の出前の空は、よく晴れていれば全天が赤紫色におおわれている。この色は太陽が昇ってくる東からの光と、天頂方向からの光が混ざり合った色だ。東からの光は通過する大気層が長いために、途中の空気分子などの散乱によって青色が失なわれ、赤系統の色が強い。

天頂からの光は短い波長の紫系を散乱して青色が強くなる。この二つの色が混ざりあい、ピンク色となっているのである。地球影の緞帳は時間の経過につれて徐々に下がり、日の出とともに消えてしまう。そして新たな一日がはじまる。

地球影はどんな気象条件のときによく見えるのだろう。平野での観測ならば乾燥して澄んだ大気のときで、冬がよい。季節を問わないのは山である。山では雲海や靄《もや》の上に現われる。

また、太陽光が地上付近を通過する際に光の量が多いこと、言いかえれば明るいことが必要だ。影の部分と明るい部分のコントラストが強くなり、はっきり地球の影が見えることになる。

一日のはじまりの早朝、西の空でも荘厳なドラマが繰り広げられているのである。

地球影　冬の乾燥した朝、手賀沼の上に地球影（暗い青色の部分）があり、その上のビーナスベルト（ピンク色に輝いている部分）もはっきり見えた。千葉県

赤い夕焼け・青い夕焼け——火星の夕焼けは青い！

夕方ころ、ビルの窓からきれいな夕焼け空が見えていたりすると、しばし見とれてしまったりする。夕焼けや虹《にじ》などの空や雲の変化は人に安らぎを与えてくれる。夕焼けの色は、大気中に含まれる水蒸気や細かな塵などの量によって異なる。水蒸気や細塵が多いと赤みが濃くなり、焼けの範囲も大きくなる。

日本列島が夕焼けに染まる時、太陽はどこの上空にいるかというと、アフリカ大陸の東のマダガスカル島の上空付近とのこと。その太陽光線はハノイ上空で電離層に進入し、足摺岬で成層圏、紀伊半島で対流圏に入って関東地方へ到達するようだ。

地球人にとって夕焼けの色は「赤」というのが常識で疑いようはない。しかし、火星での夕焼けは「青」という事実を知った時には衝撃的であった。

火星は昔から「赤い星」と言われている。一方、地球は「青い星」と呼ばれている。宇宙飛行士ガガーリンが、人類で初めて宇宙から地球を眺めて言った「地球は青かった」の言葉はあまりにも有名だ。地球や火星の色は共に「大気の色」を見ているのだ。

地球の昼間の「青空」は日光が真上から空気の中を進むと、空気の分子によって散乱されるが、その散乱光は波長が短い青の方が強いので、青の光が目に入ってくる。

そして、夕方は太陽が西の空に傾くために太陽光が進む大気層が長くなるために、波長の短い青の光などは散乱されて無くなり、波長の長い赤が残っていることで夕日や夕焼けの赤い波長帯が散乱され空が赤く見えるようになる。

一方、火星はどうだろう。宇宙物理学者の佐藤文隆氏によると、火星の気圧は地球の一〇〇分の一以下で、主成分は二酸化炭素となっており大気は非常に薄い。さらに大気中に水がなく気温の調整ができず、大気の上下の温度差が原因となり、絶えず土壌が舞い飛び砂嵐状態になっているそうだ。この微粒子の大きさが赤の波長と同じサイズであるため、火星の大気が赤くなっているのだ。このため夕方になり太陽光が地平線近くに下がってくるとすでに赤色の散乱がされてしまっており、残った青の波長光が夕空や夕焼けになって見えてくるといえるようだ。

写真は、火星探査機「キュリオシティ」がゲールクレーターで撮影した「火星の青い夕焼け」である。

赤い夕焼け　**撮影：武田康男**　地球の夕焼けは、東京湾で撮影したものである。赤みが強くなった太陽光が、東京湾のもやや チリなどに当たり、低い空ほど赤く見えた。千葉県

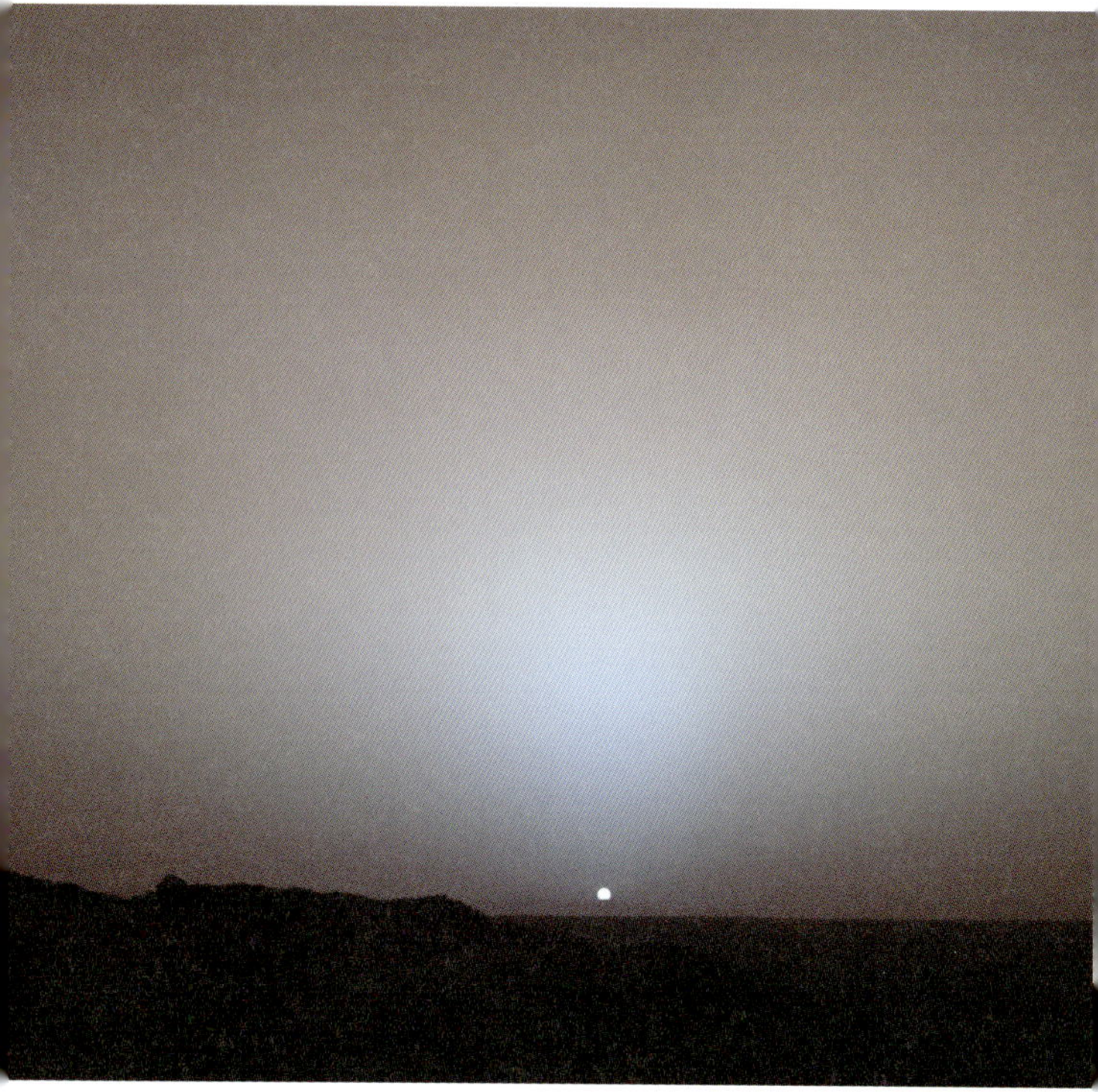

青い夕焼け　　**提供：NASA**　「火星探査機キュリオシティ」がゲールクレーターで撮影した「火星の青い夕焼け」（2015年5月14日）。（青い夕焼けの画像が掲載されているNASAのHP）http://nssdc.gsfc.nasa.gov/planetary/marspath_images.html　（平沼記）

火山噴火後の夕焼け——火山噴火と異常気象

赤というより赤紫色の夕焼けが空を染めている。いつもと違う不気味な空の色である。一九九一年六月、フィリピンのピナトゥボ山が四〇〇年ぶりに今世紀最大規模で噴火したが、この写真はその五カ月後の日本での夕焼け空である。

火山が噴火すると、噴き上げられた噴煙により、エアロゾルと呼ばれる固体や液体の微粒子が大気中に浮遊する。粒子の大きいものはじきに落下するが、大規模な噴火によって噴煙は対流圏の上、一五キロメートル以上の成層圏に運ばれる。そして微粒子は数カ月から数年も浮遊し、地球規模で拡散する。太陽光線がこの微粒子の多い層を通過すると、散乱が活発になり夕焼け空の赤色が異常に強調されるのである。

夕焼けがより赤くなるだけで話がすめばよいが、火山噴火によるエアロゾル増加で「日傘効果」と呼ばれる日射量の減少が起きて、地球の気候にも影響を及ぼすことがある。気候問題といえば、現在は地球温暖化が主であるが、過去においては火山噴火による日射量減少が原因の異常気象が発生し、社会経済不安を引き起こした。

一七八三年（天明三年）の浅間山の噴火による異常低温が原因で、天明の大飢饉《だいききん》が起きたことは有名である。同じ年にアイスランドのラキ山も大噴火し、ヨーロッパやアメリカが、異常低温に見舞われた。日本では、飢饉が引き金になって田沼意次《たぬまおきつぐ》から松平定信に政権が代わったが、フランスでもこの気象異変が遠因となり、結果として一七八九年のフランス革命に至ったのではないかという説もある。また、一六七〇年（宝暦一〇年）以降の東北地方での大きな冷害は三九回あるが、そのうちの二四回は火山噴火が原因という研究結果もある。

近いところでは、一九八二年にメキシコのエルチチョン火山噴火で、日本をはじめ世界各国で日射量が約二〇パーセント減少し、ピナトゥボ噴火でも沖縄での日射量が約二〇パーセント減少している。

最近は、幸い気候に影響を与えるほどの大きな火山噴火はない。巨大噴火は自然災害のなかでも広範囲に影響を及ぼし被害は甚大となるので、できれば遭遇したくない。火山噴火による異常なまでに赤い朝焼けや夕焼けは、まるで地球誕生の頃の空を思わせ、不気味さの中に神秘を感じさせる。

ロゾルが成層圏に入ったため、直達日射量が減り、夏の冷害につながった。1991年千葉県

火山噴火後の夕焼け

夕焼け空の赤紫色が強く異常な感じがした。火山噴火のエア

台風・ハリケーン・サイクロン
――エネルギー源は蒸気機関車と同じ

日本は自然災害が多い国といえる。災害をもたらす筆頭といえば「台風」であろう。夏から秋に多くやってくる台風は各地に甚大な災害をもたらす。そのために最大級の警戒が必要である。

昔から、立春から数えて「二百十日《にひやくとおか》」は台風の襲来が多いときとして「二十四節気」の中の「雑節」という暦にも記載され注意を促してきた。

哲学者の和辻哲郎は一九三五年（昭和一〇年）に名著『風土』で台風の特徴を、「季節的・突発的な猛烈さと、水の恵みと被害の両方をもたらす二重性格があるとし、その台風を受け入れることで日本人の性格は物事に忍従・受容し、淡白に忘れることなどが備わった」と、台風は日本人の性格にまで影響を与えていると書いている。

一方で昔は、台風による暴風のことを「野分《のわけ》」と呼んでおり、吉田兼好法師の『徒然草』には「野分のあしたこそをかしけれ」と「台風の翌朝は風情がある」と書き、松尾芭蕉も「猪もともに吹かるる野分かな」と詠むなど、昔は台風を恐ろしいものというより風情あるものと見ていたともいえる。

台風を気象衛星画像で見てみよう。

熱帯地方の暖かい海上で発生する低気圧を「熱帯低気圧」といい、地域によって名前が異なる。米国方面ではハリケーン、インド洋と南半球ではサイクロン、そして日本を含む北西太平洋では台風である。次の見開きページの右側は台風7号（二〇二三年八月一三日）、左側は南半球のサイクロン（二〇二三年一二月一一日）である。

この二つの熱帯低気圧には大きな違いがある。

風の吹き方が反対なのである。右ページは北半球の台風で左巻き（反時計回り）であり、左ページは南半球のサイクロンで右巻き（時計回り）に風が中心へ吹き込んでいる。

これは、地球が北から見て反時計回りに自転しているからである。この自転により生まれる力をコリオリ力（転向力）といい、北半球と南半球の大気の流れには反対向きの力がかかる。この力は低気圧や高気圧など大気全般に影響を与えている。

さらに、災害を起こすような暴風や大雨を降らせる台風だが、そのエネルギー源は何であろう。それは現在でも人気のある蒸気機関車と同じで水蒸気なのである。それだけもの凄い熱エネルギーを海水は持っているのである。

北半球の台風（左巻き）2023年８月13日台風７号。

左右写真とも提供：
国立情報学研究所（NII)、情報通信研究機構（NICT)
南半球のサイクロン（右巻き）2023年12月11日。

［雲を見る］

雲海――雲の上はいつも快晴

果てしなく広がる雲、雲、雲……。

登山の楽しみのひとつに、この雲海を眺めることがある。普段は下からしか眺めることができない雲を、上から見る印象は感激ものだ。昔の山岳修行の修験者は山登りの肉体的なつらさの果てに悟りを得たといわれる。その時、俗を超えたような雲海の神々しい姿からも、ある種の霊感を得たのかもしれない。

「雲の美しさを人類が発見したのはそう古いことではなく、およそ一八世紀末から一九世紀であろう」と気象学者ケーヴは論文「雲」の中で述べている。

だが日本では、雲は千年以上も昔から、『古事記』や『万葉集』で言及され、和歌に詠まれ、文章に綴られてきた。

清少納言は『枕草子』の中で「雲は、白き。むらさき。黒きもをかし。風吹くをりの雨雲」「月のいとあかきおもてにうすき雲、あはれなり」と書いている。

　時代は下って、明治の俳人正岡子規は「春雲は絮《わた》の如く、夏雲は岩の如く、秋雲は砂の如く、冬雲は鉛の如し。晨雲《あさくも》は流るゝが如く、午雲《ひるくも》は湧くが如く、暮雲《くれくも》は焼くが如し」（「雲」。晨雲は早朝の雲）と言い、詩人の山村暮鳥《ぼちょう》は「おうい雲よ／ゆうゆうと／馬鹿にのんきさうぢやないか」（「雲」）と呼びかけている。さらに、宮沢賢治は「からだを草に投げだせば／雲には白いとこも黒いとこもあつて／みんなぎらぎら湧いてゐる」（「休息」）と詠んでいる。

　挙げればいくらでもあるが、これらの雲はみな地上から眺めた雲であり、雲を上から眺めたものはない。

　雲海をつくる雲は、地上から二キロメートルくらいの範囲にできる「曇り雲」、「うね雲」などと呼ばれる層積雲の場合が多い。雨が上がった翌日の朝などによく現われる。

　雲海が一番美しいのは、春と秋という。日本海に高気圧があって本州の太平洋側に前線などがある北高型といわれる気圧配置の時だ。太平洋側の下界では、季節はずれの肌寒い小雨模様の天気になっていることが多い。

　だが、雲の上はいつも快晴だ。雲海はそれを実感させてくれる。

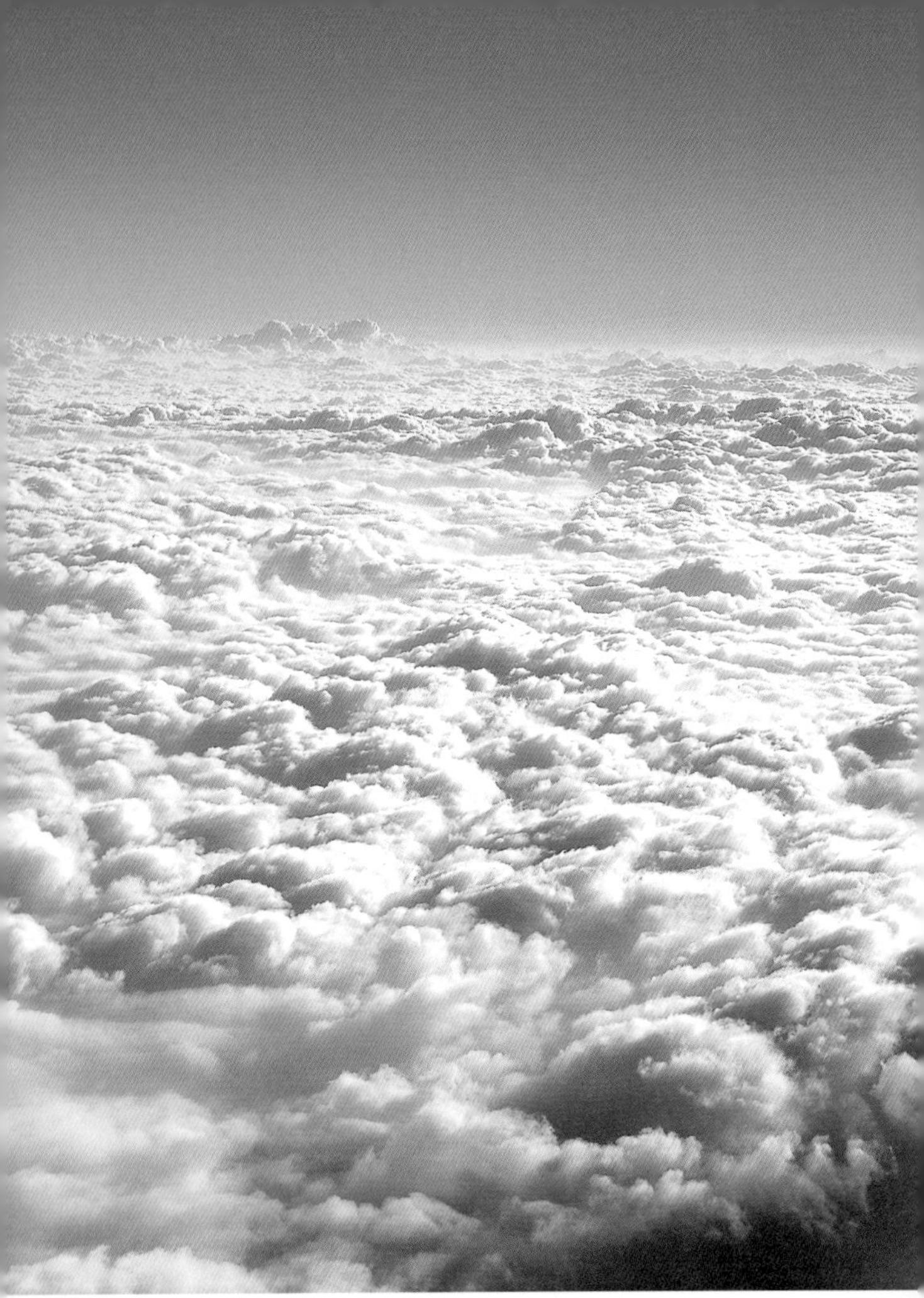

雲海　山に登るのはたいへんだが、一面に広がる大雲海を見ると疲れを忘れてしまう。雲のじゅうたんの上を歩いて行けそうな錯覚になる。富士山

乳房雲《にゅうぼううん》——竜巻の発生はあるか！

空を流れる雲を眺めていると、その形は刻々と変化している。無垢で想像力が豊かな子どもの頃は、その雲を動物やお菓子など、いろいろなものに連想した。同じ雲でもひとりひとりまったく違ったものを想像したりして、楽しいものだった。

子どもの頃はそれだけ空を見る機会も多かったのだろうか。大人になったいま、忙しさにかまけて、せいぜい雨が降るか否かの問題としてしか雲をとらえなくなっており、ましてや雲の形状に思いを馳せるなどという行為は皆無であろう。

そんな雲の中にも、目にすれば万人が共通して同じものを連想する雲がある。写真の雲もその一種だ。雲の底が垂れ下がってこぶ状になり、あたかもふくよかな女性の乳房《ちぶさ》を連想させる。「乳房雲」と呼ばれている雲である。乳房がたくさんあるところから、外国では「羊の乳房雲」とも呼ばれている。

普通、雲は上昇気流があるところにできるために、上へ上へと発達していき、雲の底は平らであることが多い。乳房雲は逆に、下に向かって発達しているように見える。

乳房雲はどのようにできるのか。

この雲は、雲の底に渦ができたり、雲の上に冷たい空気が流れこみ、雲の底に不規則な下降気流が発生したときなどに現われる。乳房雲が現われやすいのは、巻積雲（うろこ雲）、高積雲（ひつじ雲）、層積雲（曇り雲）などであるが、積乱雲（入道雲）の底からできる乳房雲は、時として漏斗状《ろうとじょう》になり、それが地上まで達して竜巻となることがある。

気象の奇妙な現象を『カエルや魚が降ってくる！』（鶴岡雄二訳　新潮社　一九九七）にまとめたJ・デニスは、この本の中で乳房雲のことを「嵐雲の底からの袋状の雲は、冷たい空気のポケットで、トルネードが現われる直前や強い雷を伴った嵐が崩壊するときに出現するので、この雲が見えたら、どこでもいいから屋根の下に逃げこめと、祖父から教わった」と書いている。トルネード（竜巻）が多い米国では、乳房雲は恐ろしい雲なのである。

ちなみに写真のおだやかでやさしそうな乳房雲だが、そのあとにわか雨を降らせることがある。注意したい。

乳房雲　乳房雲が空を覆い、水分をたくさん含んだ雲から今にも雨が降ってきそうだ。これは高層雲にできたものだが、積乱雲にもできる。千葉県

笠雲と吊し雲――富士山の雲は天気俚言《りげん》の宝庫

「富士には、月見草がよく似合ふ」といったのは太宰治であるが、富士山には雲もよく似合う。外国からの客人に富士山を見せようと新幹線に乗る。そんなときに限って雲に隠れて見えない。そんな場合は恨みの雲になる。でもそれが「笠雲《かさぐも》」や「吊《つる》し雲」の場合なら絶景に変わる。

富士山など高い山を越える強風は、山に当たると上下に大きく波を打って流れる。波は山頂付近では盛り上がり、その風下ではへこみ、さらに下がってまた盛り上がり、いくつかの波となる。この波の波頭では上昇気流となって水蒸気が凝結し、雲をつくる。風が下るところでは下降気流になるので雲は消えるのである。

この波でできる雲のうち山自体にかかる雲が「笠雲」、山からすこし離れてできる雲が「吊し雲」である。雲の種類は高積雲や層積雲が多い。形は空飛ぶ円盤やおそなえ餅のような巨大な回転するような雲であったり、翼の形をしたものなどさまざまである。その形から、富士山麓《さんろく》では雨俵《あめだわら》とも呼ばれる。

昔から笠雲や吊し雲による天気俚諺はたくさんある。特に笠雲については「富士山に笠雲がかかれば翌日は雨か風」、「二重三重の笠が固く頂を包むかい巻笠は風雨の兆し」など俚諺が多い。逆に晴天を予想する笠雲のことわざもある。「頂の上空にある離れ笠は日和の兆し」、「山にむくむくと立ち昇る綿雲笠は晴天の兆し」などである。その笠の形には二十数種もある。

天気俚諺はせまい地域では当たる確率が高い。それは、地元固有のくせがあるからで、その土地の古老などは、空や風の流れを読み天気を当てるが、地元で長年観察することで、そのくせを熟知し、経験の蓄積があってのことである。

富士山の笠雲は、上空に湿った空気が流れ込み山越えをする時に現われ、主に南寄りの風で、低気圧が接近した時に出やすいために、天気は下り坂の時が多い。

富士山の天気の諺は古くからあり、気象研究家の根本順吉氏は、一六世紀に書かれたジョアン・ロドリーゲスの『日本教会史』にも「富士山に麦藁帽子のような白雲がかかると大暴風の前兆」とあり、自身でも経験したことが書かれているとのことだ。

また、井伏鱒二は、「笠雲」という題名の小説（筑摩書房全集第八巻所収）で富士山の笠雲を北側から見た時の天気の前兆として詳細に記述している。

笠雲と吊し雲　8月の早朝、富士山に二重の笠雲がかかり、すぐ近くに吊し雲が浮かんだ。台風の影響で湿った風が入り、天気が不安定だった。山梨県

積乱雲――夏の風物詩だが災害を起こす雲！

関東地方では坂東太郎、京阪地方は丹波太郎、九州では筑紫二郎、その他、信濃太郎、奈良二郎、四国三郎、豊後《ぶんご》太郎、上総《かずさ》太郎、立ち雲、岩雲、喇叭《らっぱ》雲《ぐも》、蛸入道《たこにゅうどう》など、地域で特有な名前が付けられ親しまれている雲。小学生が夏休みの宿題の絵日記に必ずと言ってよいほど描く雲。それが入道雲、すなわち積乱雲である。

積乱雲は夏の風物詩的な側面がある一方、「大気中でもっとも激しい対流現象」という面もある。雷雨や雹《ひょう》、竜巻やダウンバースト（積乱雲から風が吹き出し地上で突風が吹くこと。飛行場で航空機が離陸や着陸などの時にダウンバーストに遭遇すると大事故になることがある）など局地的な気象災害、さらに集中豪雨や線状降水帯を起こすのもこの雲である。

積乱雲の恐ろしさを、幸田露伴《こうだろはん》は「坂東太郎は東京にて夏の日など見ゆる恐ろしげなる雲なり。夕立雨の今や来たらんといふやうなる時、天の半を一面に蔽《おお》ひて、十万の大兵野を占めたる如く動かすべくもあらぬさまに黒みわたり……殺気を含めるが如し」（「雲のいろ〳〵」『露伴全集』第二十九巻　岩波書店　一九五四）と書いている。

ひとつの塊《かたまり》がもくもくと発達してカリフラワー形の巨大な雲になっていくように見えるが、実は、いくつかの積乱雲が次から次に生まれ急速に発達して、あのような巨大な雲を形作っている場合が多い。個々の積乱雲の大きさは五～一〇キロメートル程度、ひとつの積乱雲は三〇～六〇分でその生涯を終える。

写真の積乱雲は青空の中で真っ白に輝き、雲からの降水も確認できる。雲の下は激しい雷雨になっているだろう。

積乱雲はどのくらいの水を含んでいるのだろうか。雲物理学に「雲水量」という用語がある。雲粒として大気中に浮かんでいる水滴や氷晶《ひょうしょう》の量のことであり、通常一立方メートルの空間中にある雲粒の総重量をグラムで表す。その量は、積乱雲で一～五グラムくらい、たいしたことはないように思える。しかし、いま積乱雲の大きさを縦、横、高さ、共に一〇キロメートル、平均の雲水量を二グラムとして計算すると、雲として浮かんでいる水の総量は、なんと二〇〇万トンにもなる。石油を入れる二〇〇リットルのドラム缶に換算すると、約一〇〇〇万本分である。太陽からの熱は、これだけの量の水をたった数時間で空に持ち上げ、雲にしてしまうのだ。

自然の営みのすごさと偉大さに敬服するばかりである。

がった。こんな大きな雲でも、激しい雷雨のあと30分ほどで消えてしまった。千葉県

積乱雲

青空に積乱雲がエベレスト（チョモランマ）よりも高く上

巻雲《けんうん》――雨シラス・晴シラス

「僕はあの雲を愛する……、遠くみ空を流れ行くあの雲を……、素晴らしいあの浮雲を！」（ボードレール「異人」堀口大學訳）

この詩から連想される季節は秋。雲は高く青く澄んだ空に刷毛《はけ》で刷いたように流れる巻雲だと思うがいかがだろう。

写真の巻雲も、あくまでも碧《あお》く吸い込まれそうな空に、繊細に流れている。夏の入道雲を見慣れた目に、「ハッ」と緊張感を覚えさせる。

雲はすべての季節に現われ、季節を代表する雲というものは本来はない。しかし、人は特定の形の雲に特定の季節を感じるようだ。積雲（わた雲）は春、積乱雲（入道雲）は夏、時雨雲《しぐれぐも》は冬、そして巻雲は秋というふうに。

巻雲は雲の仲間の中で空の最も高いところに現われ、温帯の日本付近では五〜一三キロメートルの上空を流れる。このくらいの高さでは、夏でも気温はマイナス二〇〜

マイナス五〇度と低く、風も強いために雲粒はすべて氷の結晶でできている。

巻雲の英語名はシーラス。これはラテン語で「巻き毛」の意味、「カール」と語源は同じである。日本では「すじ雲」が一般的だが、昔は「ほそまい雲」とも言われた。巻雲は姿を、かぎ状、毛状、ふさ状、もつれ状、放射状、肋骨《ろっこつ》状など自由奔放に変えて現われ、雨の前兆だったり、晴れが続くことを知らせてくれたりする。そこでこの「巻雲」を「シーラス」にかけて「雨シラス、晴シラス」と呼ぶことがある。

雨シラスは層状、波状、帯状や縞《しま》状など、ほうきで掃いたように空一面に広がり、次第に雲が濃くなってくるのが特徴である。一方、晴シラスは巻き毛状など空の一部に薄く現われることが多い。写真の巻雲は晴シラスだ。

巻雲という名は雲の形状をよく表しているが、一九六四年（昭和三九年）、「当用漢字音訓読み」で「巻」は「カン」で「ケン」とは読めないことになり、気象庁は表記を「絹雲」と変えた。

このとき、気象庁職員であった直木賞作家の新田次郎が大反対したことは有名だ。新田は後にその意見が通らなかったことを随想に書いているが、一九八八年（昭和六三年）に再び巻雲に戻った。このため、古い本などでは表記が「絹雲」となっているものもあり、よくどちらが正しいのか聞かれることがある。

巻雲　秋になって高い空に偏西風が吹き、すじ雲（巻雲）が流され、雲のすじが伸びた。地上は穏やかだが、天気が変わりやすい。秋田県

飛行機雲と雲の穴——消滅飛行機雲と穴空き雲

抜けるような青い空にひとすじの白い雲。上空を飛ぶ飛行機はゴマ粒のように小さいが、後に流れる雲は次第に広がり、空を我がもの顔で横断していく。

飛行機雲は、自然の大空に人間がつくりだした人工の雲といえるが、普段はあまり気にもしない。

だが、写真の雲を注意深く見ると、少々様子が違う。空の一部は彩雲にかがやく上層の巻層雲におおわれているが、飛行機雲があるべき筋状のところは裂け目ができたかのように雲がない。飛行機雲が消えてしまっている。これを「消滅飛行機雲」という。

飛行機雲ができる条件は、上空に約マイナス三〇度以下の冷たい空気があり、空気中の水蒸気が飽和か、これに近い状態であることだ。

飛行機から噴き出される高温の燃焼ガスには、水蒸気の他に酸化物の微粒子などが含まれている。燃焼ガスが急激に冷やされると、これらの微粒子が核となって、水蒸気が昇華して氷晶となり、これが飛行機雲になるのである。氷晶はさらに成長して雪や雨となったり消えてしまったりする。

では、写真の飛行機雲はなぜ消えてしまったのだろう。

これと似た現象に、高積雲などに現われる「雲の穴」がある。空一面をおおう雲に、円や楕《だ》円《えん》の穴があく現象で、見た目にもユニークな現象なので、雲の穴が現われるとよく話題になる。

雲の穴は、なんらかの原因でその付近の雲粒が氷晶の雨粒となって落下してしまうためにできる。雨粒になる原因には諸説あるが、直前に飛行機が飛んでいることが多いといわれる。

消えた飛行機雲も成因は同じで、湿った青空のところを飛ぶと飛行機雲をつくるが、逆に雲の中を飛行機が飛ぶと、高温の燃焼ガスによって上昇気流が発生して、雲粒は氷晶から雨粒となって落下してしまうようだ。雨粒は落下の途中で蒸発してしまう場合が多い。

飛行機雲も雲の穴も、航空機の発達で現われるようになった雲現象だ。昔の人はもちろん見ていない。雲の穴が見られた最初の記録は、一九四〇年英国でのこと。その後、航空機の発達とともに出現回数も多くなっている。

消滅飛行機雲
飛行機が雲を消すことがあり、飛行機が通って少ししてからできる。薄くて消えてしまいそうな水の粒の雲に見られる。千葉県

穴あき雲
高い空にある水の粒の雲の中にぽっかり穴があいた。中に氷の粒ができて垂れ下がっている。飛行機が原因のこともある。茨城県

波状高積雲——葛飾北斎《かつしかほくさい》の赤富士「凱風快晴《がいふうかいせい》」

秋の　いちじるしさは
空の　碧《みどり》を　つんざいて　横にながれた白い雲だ
なにを　かたつてゐるのか
それはわからないが、
りんりんと　かなしい　しづかな雲だ　（八木重吉「白い雲」）

秋は一年のうちでも空の美しい季節である。天空の青はあくまでも澄み、雲も凛《りん》としている。そんな秋の雲を詩人は「かなしい」と表現した。

写真の雲は波状に広がった秋の高積雲。この雲、どこかで見たことがある、と思われる方も多いのではないだろうか。葛飾北斎の「富嶽《ふがく》三十六景」のうち、一般に「赤富士」と呼ばれている傑作「凱風快晴」に描かれた雲が、まさしくこの波状高積雲である。

高積雲が太陽や月をさえぎると、そのまわりには神秘的な光環が現われたり、雲の縁には彩雲が現われたりする。そんなことから高積雲は「瑞雲《ずいうん》」や「慶雲」「紫雲」などと呼ばれ、めでたい雲とされてきた。現在でも高積雲は「ひつじ雲」「むら雲」などの名前で親しまれている。

高積雲は日本など温帯地方では二キロメートルから七キロメートルの高さに現われる。つまり、この雲が現われる高さの気温は零度以下だ。だが上空の雲の中は、「過冷却現象」といって、雲粒が零度以下になっても凍らず、水滴のままの状態で存在する場合がある。高積雲はそんな雲で、水滴と氷粒の混合で形成されている。

空にこんな美しい高積雲が現われてきたら天気はどうなるのか。天気が下り坂の場合、まず上層の巻雲や巻層雲が広がってくる。次に中層の高積雲や下層の層積雲などが増え、やがて雨になることが多い。上層から下層まで、大気が湿ってきているからだ。だが、時に高積雲が広がっても、悪天にならない場合がある。こんな時は雲と雲との間から、はっきりと青空が見えることが多い。

波状高積雲

波状雲にはいろいろな高さの雲があるが、中くらいの高さの高積雲の波状雲が印象的だった。このあとに天気が悪くなりやすい。千葉県

波状雲が太陽に近づくと彩雲になることがある。水滴でできた雲に厚みがなく、雲の粒ができたり消えたりしていると彩雲になりやすい。茨城県

波《は》頭《とう》雲《うん》（浪雲《なみぐも》）――航空機が恐れる晴天乱気流

写真の波頭の連なる雲の写真はなかなか見られない大変貴重な雲である。一瞬、葛飾北斎の「富嶽三十六景」の中の「神奈川沖浪裏」の波が横一列に並んだような雲は造形的で美しい。この雲は「浪雲」や「波頭雲」と呼ばれている。大気の流れの中で、湿った空気と乾いた空気の境で風速が上側と下側で大きく違うときなどに、その境界付近の雲が渦状になり浪雲が発生する。

地球を覆っている大気は、海水と同じように常に波打って流れている。密度の違う二つの空気層の境界面の速度差による不安定を、専門的には「ケルヴィン・ヘルムホルツ（K－H）不安定」といい、それによって発生する雲が「浪雲」である。

これは、絶対温度の記号K（ケルヴィン）に名を残している一九世紀の偉大な物理学者ケルヴィン卿《きょう》と、流体力学で大きな功績を残したヘルムホルツの二人の発見者にちなんだ名である。

通常、大気の不安定によって低気圧や台風が発生して雨を降らせ風を吹かせるが、

「K－H不安定」の場合は、空気の波を発生させ、その狭い範囲の大気が不安定になることでそこを飛ぶ航空機などに影響を与える。

浪雲の発生は八～九キロメートル上空を流れる「ジェット気流」に伴って帯状に発生することが多いが、中層雲や下層雲でも発生する。写真の浪雲は、武田氏によると中層雲の高積雲で発生したとのこと。

一方、ジェット気流に伴う波は水平に穏やかに流れているわけではなく上下に蛇行しながら流れるために、そこへ航空機が入ると機体は上下に揺れることになる。

航空機に乗っていて、離陸や着陸でもないのに突然シートベルトの着用がアナウンスされ、ガタガタと揺れることがある。窓外をみても、雲もない晴天。これは「晴天乱気流」による揺れで、時には大事故にもつながりかねない航空機にとっては怖い存在である。しかし、雲として可視化されることは少ない。可視化されないということは見えないということであり、この見えない「K－H波」を「晴天乱気流」という。

写真の浪雲（波頭雲）はその形がしっかりしており、日本の古い紋様である「青海波」にも似ている。しかし、この波形の状態は長くは続かず、短い時間で消えてしまう。そのため、なかなか見ることができない貴重な雲なのである。

できる。千葉県

波頭雲（浪雲）

たくさんの渦の形の雲が並んでいて、これ以上巻くことはなく、数分で消えていった。いろいろな高さの雲や霧にも

カルマン渦《うず》——虎落笛《もがりぶえ》の音

「情に棹させば流される」と夏目漱石は『草枕』の冒頭で、浮世の煩わしさを書いた。世間の流れに抗して生きていくのは漱石の時代も現代も大変ということか。

だが、自然界では雲が時に思いがけない表情を見せてくれることがある。それは海上の独立した島が棹の役目をなし綺麗な渦を作るのだ。冬、日本付近が冬型の気圧配置になり日本海では筋状の雲が現われる。この筋状の雲も壮大な造形美で美しいが、さらに韓国の南の海上にある済州島が起点となり美しい雲渦が発生する。気象衛星画像を見ると、済州島付近から二列に並んだ唐草模様に似た渦巻きの列がリズミカルに並び美しい紋様を作っている。この雲列は「カルマン渦」と呼ばれるもので一冬に数度ほど現れる。

冬の季節風が韓国の南の済州島漢拏山（標高一九五〇メートル）に吹きつけると、島の風下側の海上で雲が渦になり二列に並んで発生する。それぞれの雲渦は下流に向かって右側では反時計回りに、左側では時計周りの渦が形成される。川の流れに大きな石を置くとその下流に渦ができるのと同じである。

この渦列は孤峰があれば必ず発生するとは限らない。季節や山の高度、気温などが揃わないと発生しない。日本付近では屋久島、北海道の利尻島、千島列島などで観測されている。だが、一番多いのはやはり済州島であり、利尻島や千島列島では梅雨どきの北東気流によっても発生する。

カルマン渦は一つの回転する輪が直径五〇～八〇キロメートルほどあるため、地上からは、ナスカの地上絵ではないが確認はしにくい。

カルマン渦は生活の中で聞くことができる。季節風が電線や木の枝を揺らしビューと音を立てる「虎落笛」や「風の竪琴」といわれる風があるが、この音は電線や木々が振動することで音を出すが、これもカルマン渦がなせる業《わざ》なのだ。

カルマン渦の理論は一九一一年にハンガリー人のカルマンによるが、冬に日本海で発生するはずであると約一〇〇年前の一九二八年に予測した日本の科学者がいる。それは寺田寅彦博士である。それを思い起こすような随筆「雨の上高地」もある。

カルマン渦　提供：情報通信研究機構（NICT） 韓国の済州島により発生したカルマン渦（済州島はカルマン渦の北に黒く写っている）。右側には九州も写っている。（平沼記）

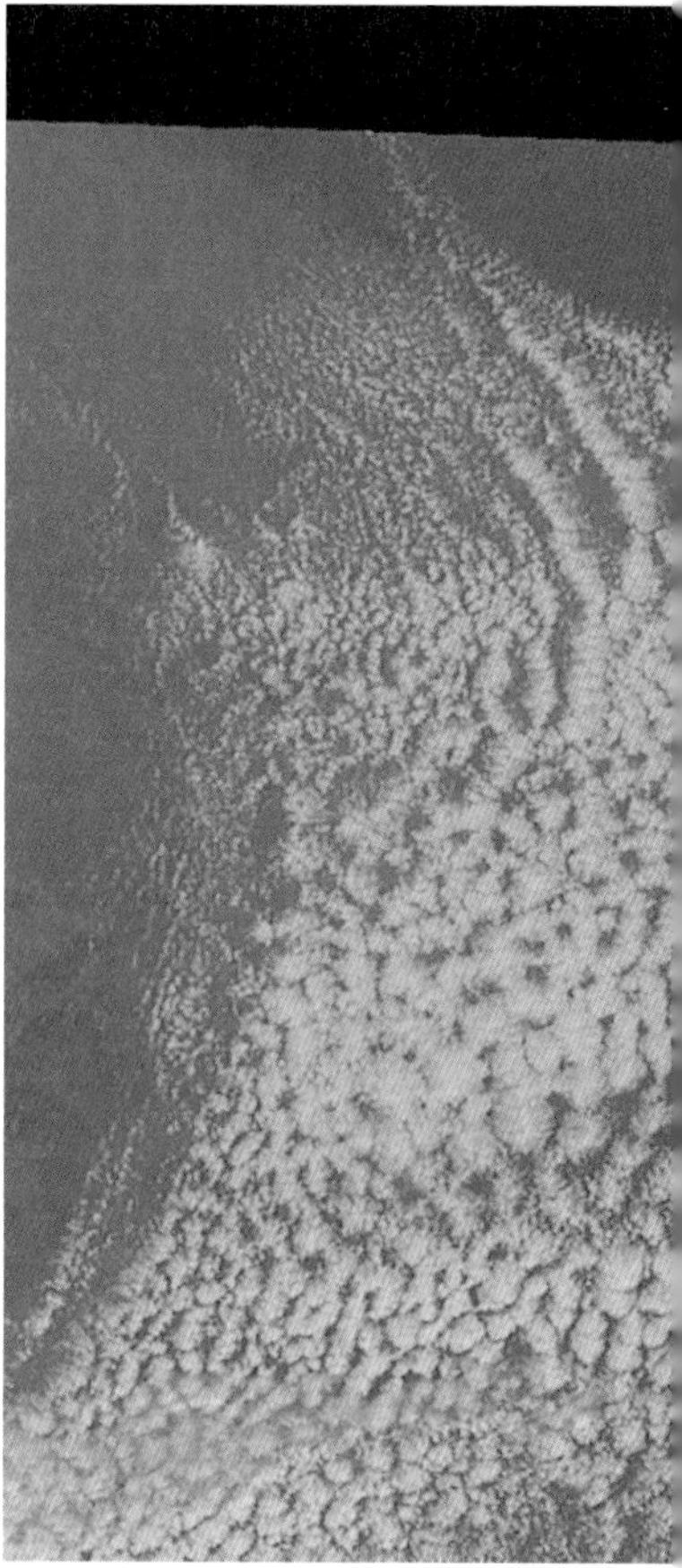

一〇種雲形――雲の種類は世界共通

「坂東太郎」「蝶々雲」「ゐのこ雲」「みづまさ雲」「いわしぐも」「ほそまひ雲」「あだ雲」「とよはた雲」「かさほこ雲」「卿雲」……これは明治から昭和の文豪、幸田露伴が「雲のいろ〳〵」と題して解説した二三篇の文章で言及された雲の一部である。

空に漂う雲といえば千変万化で、漠然としてつかみどころがないが、人の生活には大きく影響する。特に農業や漁業での影響は大きい。漁師にとって悪天候は「板子一枚下は地獄」の世界。農業も天気により成り立っている。ネイティブアメリカンは一〇〇種類もの雲の名を持っていたという。各国とも古くから雨や嵐の予測などで雲に名前を付けて利用していた。

そんななか、一八世紀後半頃から雲に関心が持たれ始めた。大空に浮かぶ雲を観察すると、形状や発生する高さ、晴れや雨の日の雲の違いなど、特徴のある雲も多いことが分かってきた。

最初に雲の形を分類したのは一八〇二年にフランスの生物学者ジャン・バプティス

ト・ラマルクで、雲を五種類に分類した。しかし、ナポレオン一世に「雲の分類などという無駄なことはやめて生物学をしっかりやりなさい」と嗜められてやめたという。

同じ年一八〇二年に英国人薬剤師のルーク・ハワードは雲の形から「巻雲、積雲、層雲」の三種の基本形と派生する「巻層雲、巻積雲、層積雲、雨雲」の計七種とした。彼の分類は広く受け入れられ、『気象学』を書いたドイツの詩人のゲーテはその分類を称えて彼に詩を捧げたという。

さらに一八八七年に英国のアバークロンビーとスウェーデンのヒルデブランドソンは現在とほぼ同じ分類を提案した。この時ヒルデブランドソンは世界各国を船でめぐり「基本的に世界各国の雲形には変わりはない」ことを確かめた。

これがきっかけとなり世界共通の雲の分類がなされ一八九四年にスウェーデンのウプサラの学会で国際会議が行われ二年後に高積雲、高層雲、積乱雲が追加され一〇種類の基本形が定められ『国際雲図帳』が刊行され、現在は世界気象機関（ＷＭＯ）により一〇種雲形が定められている。

（一八二―一八三ページの図表参照）

①巻雲《けんうん》

②巻積雲《けんせきうん》

⑤高層雲《こうそううん》

⑥乱層雲《らんそううん》

⑨積雲《せきうん》

10種雲形

(182-183ページ参照)

この見開きページを右上から左へご覧ください。

③巻層雲《けんそううん》

④高積雲《こうせきうん》

⑦層積雲《そうせきうん》

⑧層雲《そううん》

⑩積乱雲《せきらんうん》

［光を見る］

彩雲――その出現で元号改変

赤や緑に色づいた美しい雲、「彩雲」を見たことがあるだろうか。上層約五～一三キロメートルに現われる巻積雲（うろこ雲）や、中層約二～七キロメートルの高積雲（ひつじ雲）が、雲の縁を中心に消えていくときなどに、ごくまれに現われる。特に、朝夕に赤い太陽光を受けた彩雲は最高の美しさといわれる。

写真のような彩雲に遭遇したらどんな気持ちになるだろう。なにか良いことでもあるような気分になり嬉しくなってしまうだろう。彩雲の下方には航空機も見える荘厳な光景である。

「わたつみの豊旗雲に入日さしこよひの月夜さやけかりこそ」

天智天皇（『万葉集』巻一・一五）の有名な和歌も彩雲を詠んだものではないかという。豊旗雲の豊は美称や分量が多いことの形容といわれるが、最近の旗雲は山旗雲をいうことが多く、昔の豊旗雲とは区別した方がよいのではないかと思われる。

古来から、彩雲は吉兆のしるしとされる。慶雲、紫雲、瑞雲《ずいうん》、景雲、喜雲、祥雲、五彩慶雲など多くの呼び名があって、この雲が現われたのをきっかけに、元号まで改められたこともあるのだ。

元号に雲の文字が見えるのは、慶雲と神護景雲《じんごけいうん》である。『水鏡』（一一九五年頃）に、文武天皇のときに「大極殿の南の楼の上に五色の慶雲みえしかば、元号を慶雲とかへられり」とあるように、大宝から慶雲（七〇四～七〇八年）に変えられた。また、神護景雲（七六七～七七〇年）は称徳天皇の代に現われた彩雲により元号が改められた。

どうして雲が色づくのだろうか。

それには二種類の大気現象が関係する。最も一般的なのが、よく雨降りの前兆と言われるかさ（暈）をつくる光の「屈折現象」であり、もうひとつは彩雲や光環をつくる光の「回折現象」である（屈折や回折は一八〇ページ参照）。

身近で彩雲を観察する方法がある。少し暗くした部屋で、洗面器などの容器にお湯をそそぎ、温度を加減することで湯気を出し、そこへ懐中電灯などで斜め三〇度くらいの角度から見ると、瞬間的に彩雲らしき色彩が現われることがある。

彩雲　太陽にうろこ雲（巻積雲）が近づき、期待したとおり彩雲になり、さまざまな色が付いた。そして飛行機が彩雲の下を通った。山梨県

光環（光冠、コロナ）――近年は花粉光環が多く発生

太陽のまわりにできた円盤状の輝き。これを「光環」という。太陽の中心付近は白く輝き、そのまわりはパステル調の淡い黄色や紫、青、緑、赤などの光の輪となっている。太陽の光が上層の薄い巻積雲などを形成している非常に微小な水滴により、回折されて見える現象だ（「回折」現象は一八〇ページ参照）。

光環のことをヨーロッパでは「黄金の羊」「神の使いの羊」などと呼ぶ。英語名をコロナ（corona）というが、これは皆既日食の時に太陽のまわりに現われる炎のコロナとは別物だ。

太陽や月の光が大気中の水滴や氷晶《ひようしよう》によって反射、屈折、回折されて生じる光学現象を気象観測では「大気光象《たいきこうしよう》」といっている。その中には屈折や反射によって現われる虹や暈《かさ》（幻日《げんじつ》や太陽柱《たいようちゆう》、環天頂《かんてんちよう》アークなどは暈現象の一種）や、回折現象の光環や彩雲などが観測対象となっている。

この他にも光輪やブロッケンの妖怪、蜃気楼《しんきろう》、オーロラなどがあるが、これらは気

象台では観測が不可能なために観測対象からははずされている。

最近は春になり花粉が多く飛ぶようになって、花粉による光環が現れるようになり、これを「花粉光環」と呼んでいる。これがかなり美しい。

なぜ花粉光環が発生するのか。それはやはり「回折現象」によってである。花粉光環は花粉の粒の大きさが揃っているためにきれいに色が分離する。よって、きれいな環ができる。ちなみにスギ花粉の直径は約〇・〇三ミリから〇・〇四ミリで概ね揃っている。さらに、花粉の一粒一粒を見ると球体から小さな突起が出ており、これがあるために空気中で同じ方向を向きやすく、きれいな花粉光環になるようだ。しかし、花粉症の方にとっては悪魔の輪でしかない。困ったものである。

光環は月でも現われ、それを「月光環」という。一般には月光環の方がよく観測できるようだ。断雲去来する夜に月を眺めていると、月は雲に入ったり出たりする。こうしたとき月が雲に隠れると、その周囲の雲が月を中心に円形に色づいて見える場合がよくある。これが月光環である。ぜひ観察してみてほしい。

光環

薄いうろこ雲が太陽の前を通る時に、円盤状のきれいな色彩になった。太陽が眩しいため、太陽を手で隠し、サングラスで観察した。千葉県

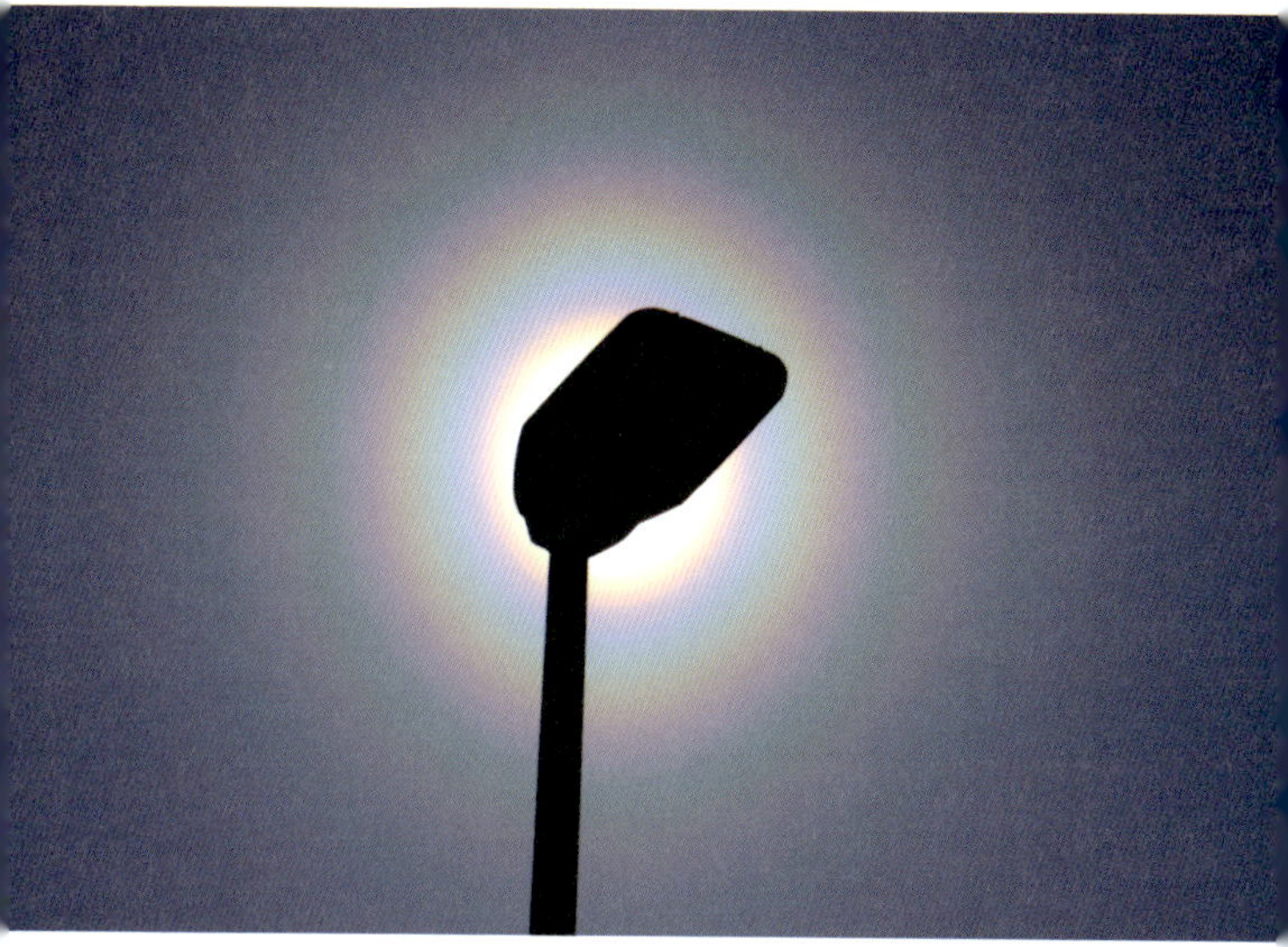

花粉光環

よく晴れた3月に、太陽を街灯で隠すと、美しい虹色が見られた。
千葉県

光芒《こうぼう》――天使の梯子《はしご》・ヤコブの梯子

日の出や夕日を見ようと海岸に行き、太陽のある方向が雲に覆われていて、残念ながら今日はダメかと思っている時に、少しの雲間から太陽の光が差し光の束となって海面を照らすことがある。まさに写真のような瞬間だ。

こんな光を見ていると神々しい気持ちになってくる。

エジプトやメキシコの古代文明の時代から、太陽を崇《あが》める気持ちは人の心の本質に根ざすもののようである。

太陽からの放射線状の光を「光芒」という。仏像などの背後に光り輝いている光背と呼ばれる飾りは、火炎や太陽の光芒を表わしたものである。人は光芒を形にして崇めてきたのだ。

光芒はその美しさゆえであろうか、外国でも様々なものに見立て、言いならわされている。そのひとつが旧約聖書の「ヤコブの梯子」、「天使の梯子」だ。

イスラエルを旅したヤコブが、この光芒を通って天使が行き交うのを見たという言い伝えから、天と地を結ぶ階段に見立てたものだ。また「太陽が水を汲み上げている」という表現もある。これは、昔の人が、地上に降った雨が再び雨となるために、光芒をたどって空に帰っていくと考えたところからきている。

ところで太陽からの光が放射状に延びることは当たり前のことで、あまり不思議に思わない。しかし、考えてみると、地球から約一億五〇〇〇万キロメートルもの彼方にあって、体積は地球の約一三〇万倍の太陽からの光は、地球には平行線になって届いているはずである。それがどうして放射状に見えるのだろう。

それは遠くのものが収束して一点にみえる「遠近効果」による。はるか彼方までまっすぐ延びる鉄道の二本のレールが、遠くで一点に収束してみえるのと同じ原理である。

光芒　雲間から太陽の光が差し、複数の光のすじが地上に伸びた。光芒は雲や太陽の動きで変化し、天使の梯子の時間は短い。山梨県

光輪――航空機によるブロッケン現象

飛行機の窓からの眺めは格別である。日常では経験できない上空からの風景を眺めたり、いつも地上から仰いでいる雲を眼下に見たり……。雄大な空間が刻々と変化する様を見ていると、自分が鳥か仙人になったような気持ちになって、現実世界から解放されるようだ。

飛行機の窓際によく座る人は、眼の下に浮かぶ雲に、写真のような輪になった虹を見たことがないだろうか。これは「光輪（グローリー glory）」という現象だ。

光輪は太陽のまわりに出来る光環と同じで、光の回折現象だ。輪が光源なのでなく、観測者（写真の場合は航空機）から見て太陽と反対側にできる。太陽は斜め上に（座席の反対側）にあれば、その逆の方の斜め下の方に光輪が現われる。

輪の大きさは雲粒の大きさによって決まり、雲の粒子が小さいほど輪は大きくなる。色は内側が青で外側が赤である。

写真の場合、輪が小さいので雲粒は大きいようだ。雲に近いこともあり、輪を貫いて中心付近に航空機の影が大きく輪をはみ出して見えている。

光輪は航空機の普及でそれほど珍しい現象ではなくなったが、昔はこれを見ることは難しかった。光輪と同じ原理で出現するものに、ブロッケン現象があるが、これは霧深い山で見られるために、ブロッケン現象に遭遇するのは登山家などごく一部の人たちの特権だった（「ブロッケン現象」は一一二ページ参照）。

光輪を見るにはどうすればよいか。光輪は航空機が雲の上を日射しを浴びながら飛んでいるときに、ときどき見えている可能性がある。そう、「今日のフライトは雲ばかりでつまらない」と言わないで、窓から外を見てみよう。外は雲でも素晴らしい光輪に遇《あ》えるかもしれない。

光輪は時に思いもかけぬ珍しく美しい幻想的な現象を見せてくれるのである。

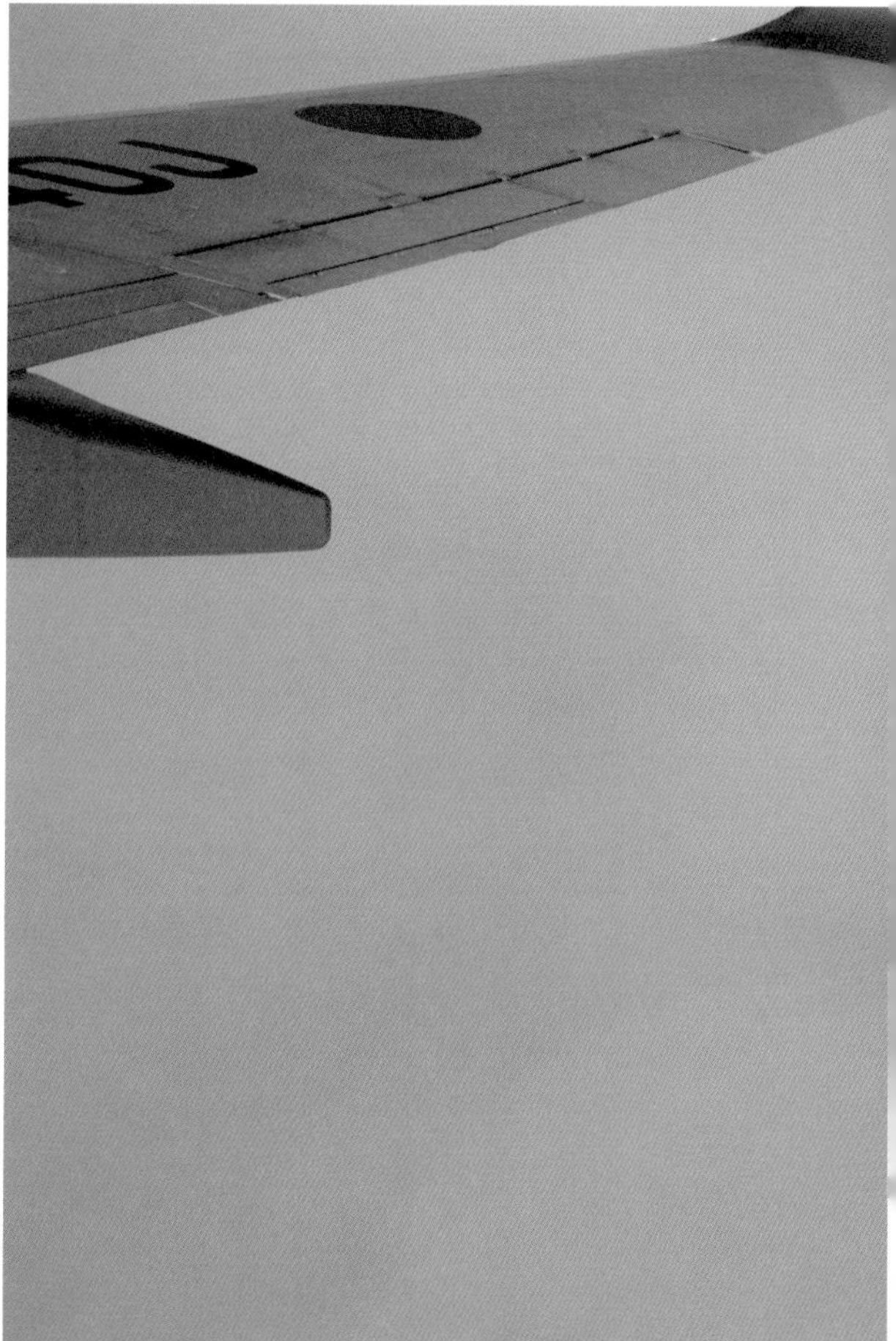

光輪 飛行機が雲に接近したとき、飛行機の影が雲に映り、そのまわりに虹色の輪が見られた。輪の中心は撮影者が座っている席である。

ブロッケン現象——「御来迎《ごらいごう》」と「御来光《ごらいこう》」の違いは?

霧深き高山に現われる神秘的な色彩の輪と影法師、それが「ブロッケン現象」だ。西洋では「ブロッケンの妖怪」と呼ばれ、日本では山岳信仰によって「御来迎」と尊ばれてきた。ドイツ中部のハルツ山地の主峰ブロッケン山(一一四二メートル)でよく見られたので、この名がついた。

ブロッケン現象は太陽のまわりにできる光環や飛行機から見える虹色の輪、光輪(グローリー)と同様、光の回折で起きる気象光学現象である。条件さえ整えばどこでも見られるはずだが、霧深い高山で突然に現われれば、やはり驚くようである。

写真を撮った武田さんも、夜明けの稜線《りょうせん》で日の出を見た直後に後ろを振り返ると、霧の中に自分の影とそれを取り巻く大きな虹色の輪が見えたという。影はとても大きく感じられ、影と輪が自分の動きとともに移動し、たいへん感動した瞬間だったと語っていた。

武田さんが話してくれたように、ブロッケン現象が見られる条件とは、自分を中心にして後ろには太陽があり、前方には自分の影法師が映るような、雲や霧がなくてはならない。この場合の雲や霧は、映画のスクリーンのような役割となるわけだ。つまり、太陽と自分とスクリーンが一直線上に並ぶことが必要である。ということは太陽が自分と同じ高度にある時間帯、朝か夕方が現われやすいといえる。

ブロッケン山はドイツの文豪ゲーテの『ファウスト』にも登場する。ゲーテはまさにブロッケン山でこの現象を目撃しており、『色彩論』を著すのに大きな影響を受けたようである。

日本では槍ヶ岳《やりがたけ》を開山した江戸時代の僧侶、播隆上人《ばんりゆうしようにん》の登山記録『信州鎗嶽略縁起《しんしゆうやりがたけりやくえんぎ》』に「天保五年八月六日、平兵衛というものが槍ヶ岳に登り、日の出を拝んだ。西の空を眺めると四、五間離れたところに丸い光の輪が現われたが、阿弥陀《あみだ》様の姿はなかった」と、不完全なブロッケン現象に遭遇したという内容が記されている。

現在でも「ブロッケンを見たければ槍ヶ岳が一番」という話を登山者はいう。槍ヶ岳山荘では春から秋にかけて確かに多くなるとのこと。槍ヶ岳に登る機会があれば、朝夕など太陽と霧の関係に注意して、幻想的な現象を体験してはいかがであろう。

ちなみに「御来迎」は阿弥陀が光背を背にする姿に似ていることからブロッケン現象をいい、「御来光」は富士山など高山の頂上で見る日の出のことをいう。しかし、最近は混同して使われていることが多いようだ。

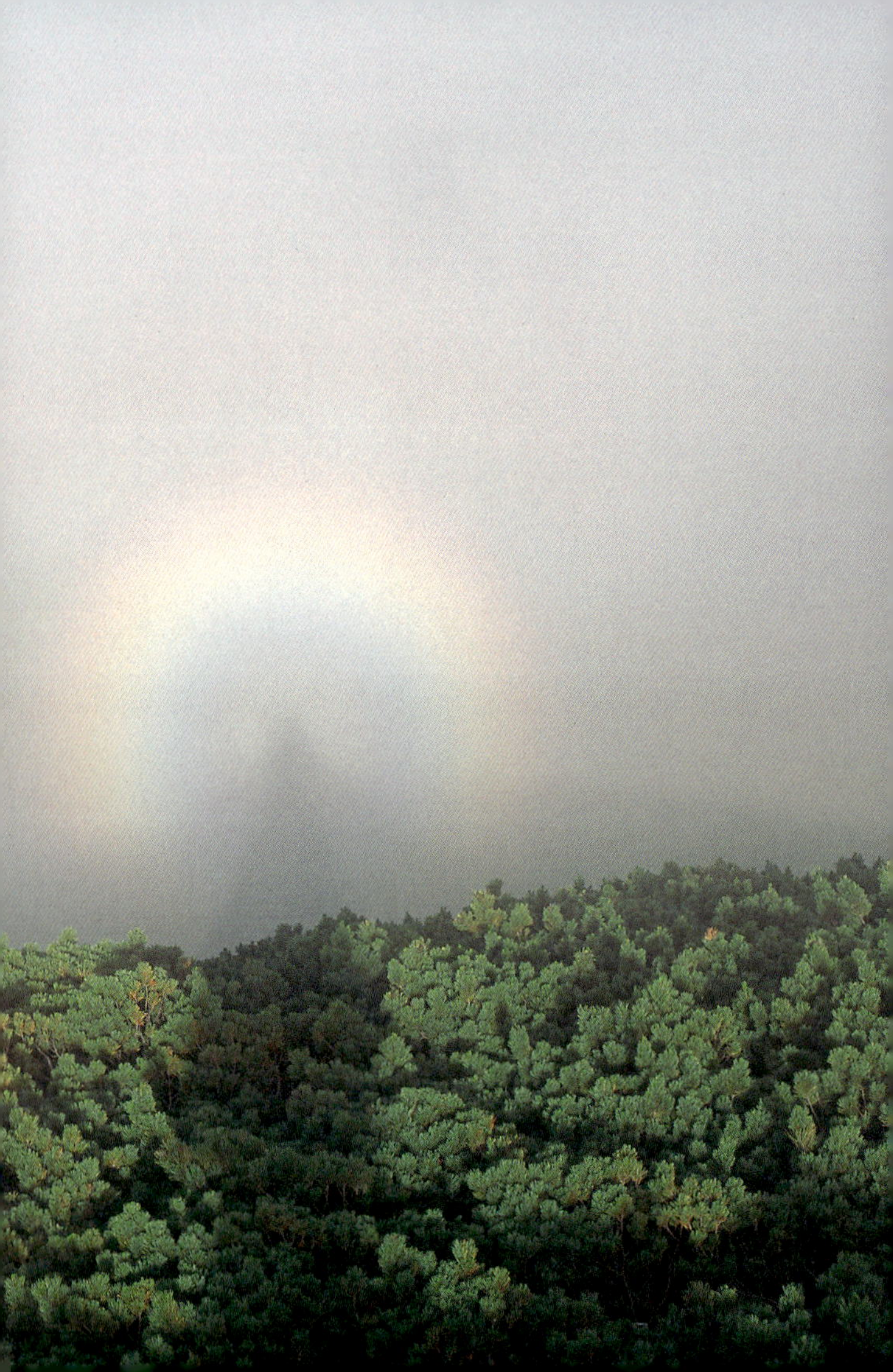

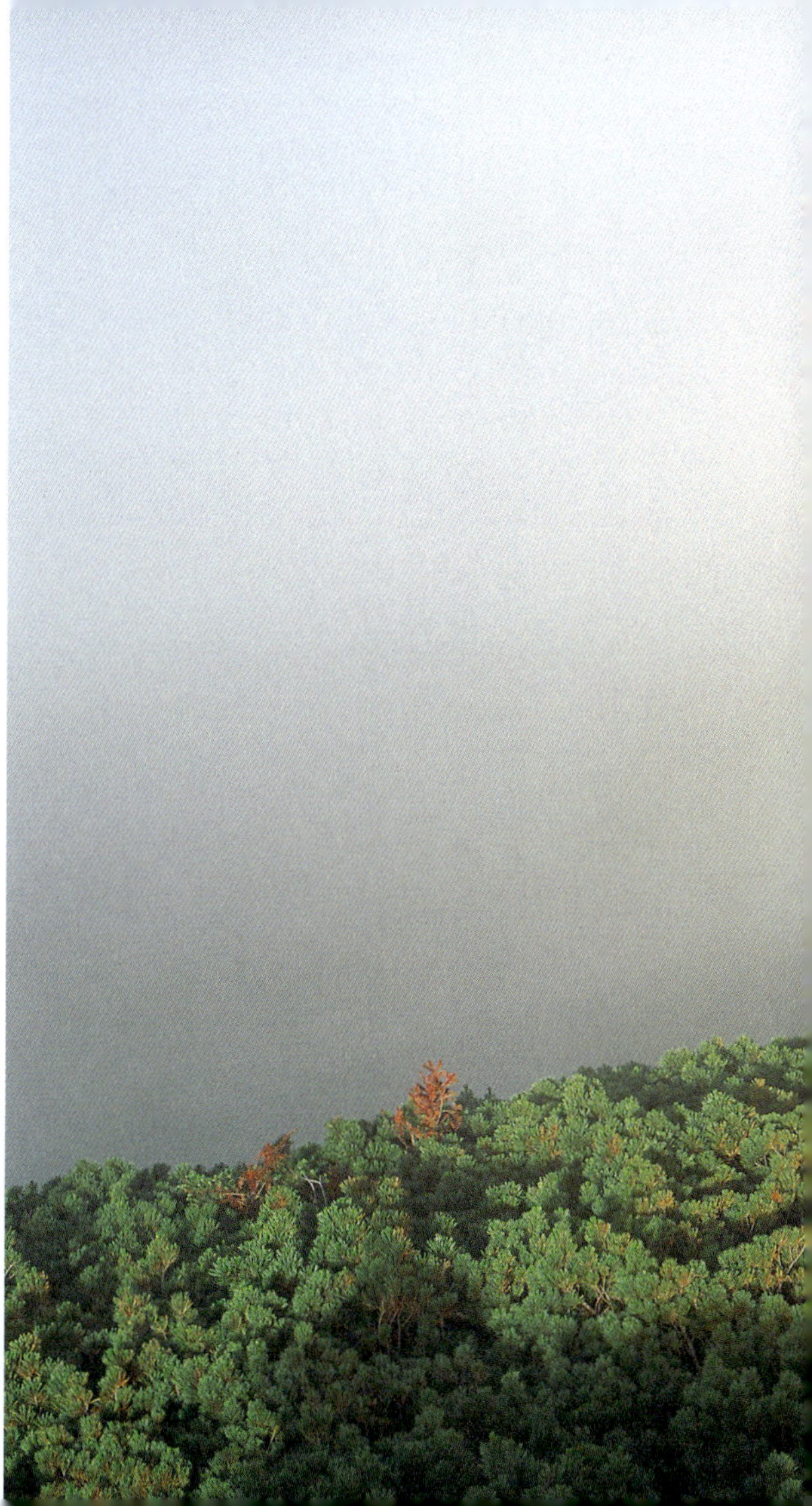

ブロッケン現象　ブロッケン現象を見たくて蝶ヶ岳に登った。予想通り現われたが、やや下の方に低くなってしまったので、肩車でこの写真を撮った。長野県

太陽と月の暈《かさ》――暈は雨の兆し？

「雨降りお月さん　雲の蔭《かげ》
お嫁にゆくときゃ　誰とゆく
ひとりで傘《からかさ》さしてゆく」

一九二五年（大正一四年）に作られた野口雨情《うじょう》作詞の童謡「雨降りお月さん」の最初の部分である。昔は何とも思わず口ずさんでいたが、いまになって、「雨の中ひとりで傘をさしてお嫁にゆくのはなぜだろう」と不思議に感じられる歌だ。

また、この童謡は「月や太陽にかさがかかると雨」という天気ことわざともイメージが重なる。

たまたま空を見上げた時など、太陽や月の周りに大きな輪が掛かっている現象に出会うことがある。これを暈といい、虹や幻日などの大気現象の中では最もよく見られるものではないだろうか。暈は、英語では「ハロ」といい、低気圧が接近して、天気が下り坂になった時に、薄く透けそうな雲が空一面に広がって現われることが多い。この雲は温帯地方では上層の五〜一三キロメートル付近にできる巻層雲であり、暈はこの雲で発生する。この雲は氷粒（氷晶）でできており、氷の一粒一粒がプリズムの役目をして光を屈折して、暈が太陽や月のまわりに現われる。

一般的にはあまりはっきり分からないが、暈にも色がついているのである。内側が赤色で、外側に向かって紫になる。しかし、内側の赤色は比較的しっかり見えるが、外側に行くほど白っぽくぼやけるという特徴がある。写真の太陽の暈には内側の赤色が見えている。

日本でも外国でも、「巻層雲がつくる暈は天気悪化の兆し」という天気ことわざが多い。「月暈に星ひとつ見えると一日後、ふたつ見えると二日後に雨」など、細かく分析したことわざもある。

暈は本当に悪天の兆しなのだろうか。確かに、巻層雲など暈を発生させる雲は低気圧から伸びる温暖前線の進行方向の前面に現われることが多い。

しかし、低気圧が急に衰えたり、進路を変えたりするので、この暈が現われても雨になる確率は約五〇パーセント程度と思った方がよい。だが、太陽や月の暈（日暈、月暈）はその前兆現象であることは間違いないので、低気圧がやってくるときなどは注意して空を眺めて暈を探してみるのも大切である。

日暈

低気圧接近時など、太陽のまわりにうす雲がかかると、おもわず暈を探してしまう。少し色づいたきれいな円形の輝きだった。千葉県

月暈

月暈は淡いため、都会ではまず見られない。夜空の暗い場所で天体観測をしているときに偶然に見つけ、星空の中で幻想的だった。

栃木県

幻日《げんじつ》――偽の太陽・五日並日

夕方、太陽が西に傾き、上層の巻雲（すじ雲）や巻層雲（うす雲）などに一面に覆われている時、太陽の左右に非常に明るく色づいたまるで小さな太陽のような光が見えることがある。この気象光学現象を「幻日」という。写真に現われている太陽の両隣（視半径二二度）に輝いているのが幻日である。まるで、中心に位置する大きな太陽が左右に家来を引き連れているようにも見える。

幻日は暈《かさ》と同じ現象で現われる。細かい氷の粒（氷晶）によってできている巻層雲が薄いベール状に空一面に広がると、太陽や月のまわりに、視半径二二度の内側が淡い赤の光や白色の輪が現われる。それが暈である。

幻日は太陽を中心に視半径二二度の暈に接して、太陽とほぼ同じ高さに左右のスポットとして現われる。また、幻日も暈と同様に色彩が見えることがある。写真の幻日も内側が鮮明な赤色に輝いている。

幻日が現われるときには、氷晶の形が薄い六角板状のものが大量にあることが必要である。天気は風が弱く大気が安定していることも必要である。

幻日を観測するには、まず暈がかかる上層の巻雲や巻層雲が出ている必要がある。しかし、冬以外は真昼の暈には幻日は現われない。幻日は太陽高度が四〇度以下のときに現われるからだ。そこで朝か夕方が観測どきとなる。

外国では幻日にユニークな名前をつけている。「太陽のものまね、偽の太陽」の意味のモックサン（mock sun）、「太陽につきまとう犬」の意味のサンドッグ（sun dog）」などと呼ばれている。

日本では「五日並日」（五つの太陽）と書いた古記録もあるが、「珥《じ》」という文字がよく用いられたという。珥は耳飾りのことだというから、幻日を太陽の左右に飾られた耳飾りに見立てたネーミングだろう。なんと優雅で気品ある名前ではないか。「幻日」という言葉よりロマンチックに思うが、いかがだろう。

幻日は夕方などによく現われるので、学校や仕事終わりの帰り道などで注意して空をみてもらいたい。三つの太陽の出現で、元気が出てくること請け合いである。

幻日

夕刻に、太陽の両側に小さな太陽が2つあるような不思議な光景だった。高い雲の動きによって幻日ができたり消えたりした。長野県

虹――追いかけてもその下には行けない！

雨上りに偶然、虹が眺められたりすると、何かよいことがあるようで嬉しい。夢や希望を与えてくれる虹は一年に何回くらい現われるであろうか。公式な観測はないが、東京で昭和四〇年代の一〇年間に一九回という記録がある。平均すると一年に約二回である。これは多いのか少ないのか……。

「虹が一五分もでていたら、もう眺める人はいなくなるだろう」

気象にも興味を持ち『気象学』や『色彩論』を書いたゲーテはそう言ったが、出現数が少なく、ただちに消えてゆくところが虹のよさなのであろう。そう言えば、決して虹の下に近づくことができないのも、永遠とはかなさを感じてしまう。

虹は観察者が太陽を背にしたときに前方に降水があれば、無数の雨粒がスクリーンになって現われる。このため、太陽高度が低い朝や夕方に現われることが多い。

写真の虹も夕方の一瞬で、降水の乱れから地面に近い下の方は見えない。色の順序が逆になっている副虹《ふくにじ》も確認できる。中国の古語で虹は「虹蜺《こうげい》」と呼ばれ、色の鮮やかな主虹《しゅにじ》が雄で「虹《こう》」、副虹を雌として「蜺《げい》」と呼んでいた。

日本では、学校の理科の実験で光が七色に分解されることを習うためか、虹が七色であることを誰も疑わない。だが、米国や英国では藍色《あいいろ》を抜いた六色、ドイツでは五色、アフリカなどでは二、三色と教えていると聞いた。『理科年表』（丸善）でも現在は、可視光線のプリズム分解は六色となっている。確かに、虹を見て確実に七色が識別できるかとあらためて問われると疑問ではある。

漢字の虹になぜ虫偏がつくのか。なんと虫はヘビの形からきており、これにつらぬくという意味の工がつき、天空を貫く大蛇を見立てた呼び名だ。

虹の方言には「ヌージ」（沖縄）、「ノーズ」（岩手県）、「ナーガ」（奄美諸島）、「メージ」（能登）、「テンヌパウ」（宮古島）などがあり、日本最西の与那国《よなぐに》島では「アミヌミヤー」という。ヌージやナーガ、パウは蛇の変形であり、テンヌパウは天の蛇、アミヌミヤーは「雨を呑むもの」と、沖縄の古語にある。

農業主体の昔の生活では、旱魃《かんばつ》や大雨に苦しめられてきた。虹を雨後に現われる雨の化身、蛇に見立て畏敬《いけい》の念を表したのか、みな響きのよい美しい言葉である。

虹　にわか雨が止み、西の低い空に太陽が現われると、東の空に鮮やかな虹ができた。外側にもう一本、淡い虹（副虹）も写っている。千葉県

白虹《はっこう》――白虹日を貫けり

富士山を望む山中湖畔で霧が次第に晴れてゆく朝、忽然《こつぜん》と現われた「白い虹」。幻想的な光景だ。

このような白い虹に出会ったらどんな気持ちになるだろう。夢かまぼろしの世界に迷い込んだような心持ちになるのか、天変地異が起こるのではと不安になるか。だが、一度は出会ってみたいものと思う。

白虹は雲虹《くもにじ》、霧虹《きりにじ》などとも呼ばれており、ごくまれに出現する。虹は太陽を背にして自分の前方で雨が降っているときに現われる。太陽光が前方の雨粒に当たって屈折と反射をして出現するのである。

では、普通の七色の虹との違いは何だろうか。それは、スクリーンの役目をする雨粒の大きさが問題となる。通常、雨粒の直径は一～二ミリ、雲粒の直径は一〇～二〇ミクロン程度である。雨粒くらいの大きさだと、太陽光は屈折と反射によって七色に分解されて見えるが、一〇〇ミクロン以下の雲粒くらいになると、屈折・反射のほかに、散乱が加わる。これらの作用は水滴が小さいほど、すべての光が重なり結果的に白色になってしまう。雲が白いのもこのためだ。

この白虹は歴史の中にも登場する。『平家物語』には、源頼朝がクーデターを起こすまえに信西入道が白虹を見て、これを察知したという伝説がある。一九三九年（昭和一四年）刊行の『日本気象史料』（中央気象台・海洋気象台編）には、一四四四年（文安元年）に「京都で見られた」とある。また、中国の『史記』には「白虹、日を貫けり」と、国に兵乱が起こる前触れに現われると記されている。

評論家の松本健一氏によると、近年では一九三六年（昭和一一年）二月二五日、つまり、「二・二六事件」の前日に、皇居の上空に出たという。この日の現象は作家の井伏鱒二も目撃し『荻窪風土記』（新潮社）に「空は青く晴れ、皇居の上に出てゐる太陽を白い虹が横に突き貫いてゐるのが見えた。虹は割合に細く、太陽の直径の三分の二くらゐの幅である」と記している。

しかしこれは、写真の白虹とは違うようだ。その正体は「幻日環」といわれる現象。すなわち、太陽と同じ高度に、太陽の左右二つの偽の太陽（幻日）とともに、それを通る白い光のすじが現われた大気光象だったと思われる（「幻日」は一二〇ページ参照）。

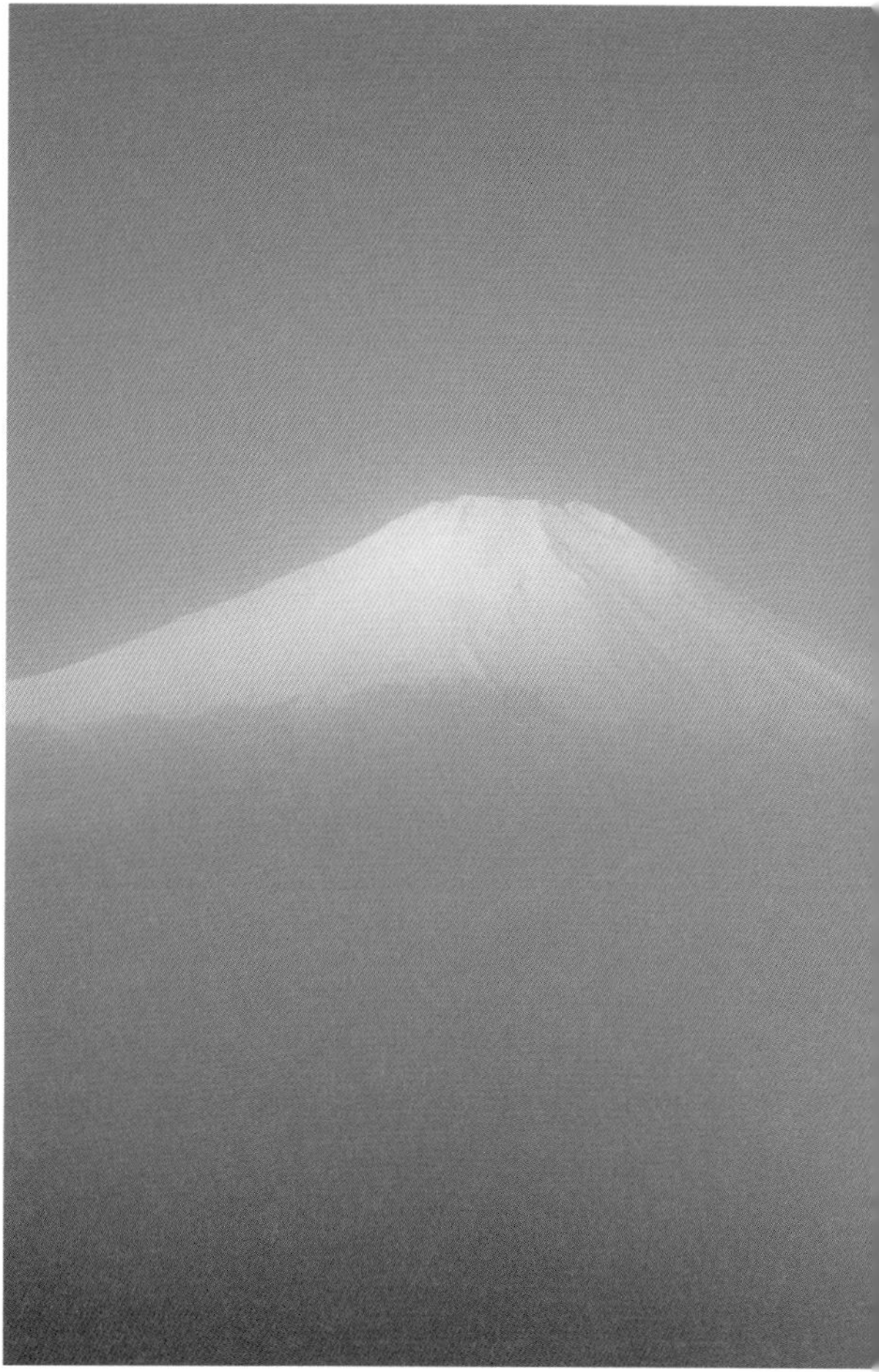

白虹　山中湖の霧が晴れるとき、富士山を背景に白虹が見られた。太陽と反対側に数分間だけ発生し、目の錯覚かと疑ってしまう。山梨県

太陽柱《たいようちゅう》――国の宗教も変えさせた

キリスト教がローマ帝国に認められた背景に太陽柱の発現があったという説がある。ガリィ・ロックハート著『お天気となかよくなれる本』（グループW訳　丸善　一九九一）によると、ローマ帝国のコンスタンティヌス一世が、三一二年サクサ・ルブラの戦いの前に、不思議な現象を見た。日が傾きかけたころ、太陽の上方に十字架の戦勝記念碑が輝くのが見えたというのだ。そして彼は、予兆どおり、敵のマクセンティウスを破った。それまでギリシャの太陽神アポロンを信ずる太陽崇拝者であった彼は、十字架は勝利の印であるとして、これ以後はキリスト教をローマ帝国の国教に定めたという。

コンスタンティヌス一世が見た十字架は、実は太陽の周囲に現われる光学現象で説明できる。十字架の縦の柱に見えたのは、太陽の上方に光の柱のように輝く太陽柱(sun pillar)、横の梁に見えたのは光が横に伸びる暈の現象で上端接孤と思われる。

太陽柱は、朝や夕方の太陽高度が低いとき、太陽からの光線が平板状の氷の結晶によって反射され、上方に屈折して現われる。つまり、雲粒が氷の結晶でできている上層の薄い巻層雲や、地上付近では極寒の地域に出現するダイヤモンドダストなどによってまれに見られる現象だ。

写真でも冷たい感じの雲が確認できる。海に沈む夕日を見ていると、光が水面に映ってキラキラと、光の帯のように輝く。太陽柱は、同じ現象が空の氷の結晶で起こったものと考えれば理解しやすい。

太陽柱と同じ現象は月でも見られ、月光柱（moon pillar）という。また街の灯りなどでも現われ、これを光柱《こうちゅう》（light pillar）という。光柱は厳寒の盆地などで街の灯りやスキー場の照明が、雪やダイヤモンドダストによって反射されて現われ、幻想的な情景をつくりだす。さらに、太陽の下に現われるものを「映日《えいじつ》（sub sun）」という。これは柱状にならず、まるで別の太陽のように見えることからこの名がついた。航空機や厳寒地方で太陽高度が高い場合、下層の雲や霧、ダイヤモンドダストなどに反射して現われ、よくＵＦＯなどと間違えられる。

いずれも神秘的な気象光学現象で、いにしえの人々が国の宗教を変えてしまうほどの感銘を受けたのもうなずける。

太陽柱 日の出前、水平線から一本の光の柱が立ち上がっていた。雲から平たい氷の粒が降っていて、そこに太陽光が反射したためである。茨城県

蜃気楼《しんきろう》――逃げ水もその一種

海市《かいし》、海館、貝城、貝櫓《かいやぐら》、喜見城《きけんじよう》、狐倉《きつねぐら》、狐棚、狐の森、島遊び、蜃市《しんし》、ながふ、浜遊び、蓬莱《ほうらい》の島、竜王《りゆうおう》の遊び、竜宮《りゆうぐう》の城……日本各地の文献に残る「蜃気楼」の名称である。

蜃気楼の「蜃」は大ハマグリや蛟《みずち》を意味するという。蛟はヘビに似ているが角と四本の足があり、水中に棲《す》んで毒気を吐く架空の動物である。このハマグリや蛟が海中で妖気を吐いて楼閣をつくる。それが蜃気楼であると考えられた。

イタリアでは蜃気楼を「ファタ・モルガナ」（妖精モルガナ）と呼び、詩人たちはモルガナを波の下の水晶宮に住んでいる妖精として詩を詠んだようだ。めったに見ることのできない幻想的な蜃気楼の正体を、昔の人々は想像力を駆使して考えだしたのだ。

実際には、蜃気楼は光の屈折によって起こる。光は直進するが、これは密度の同じところを通る場合である。

暖かい空気と冷たい空気のように密度の違う面では、光は屈折して進む。一般に密度の軽い（暖かい）方から密度の重い（冷たい）方に入るときは境界の面から遠ざかる方向に屈折し、逆に重い方から軽い方に入る場合は境界の面に近づくように進む。この屈折のために遠くのものが浮き上がったり、沈んだりして見えるわけだ。

蜃気楼といえば富山湾の魚津《うおづ》市が有名だ。春から初夏の暖かくなった空気が海上に入り、上暖下冷の気層ができる。その結果、対岸の景色や沖の船が浮き上がったり、逆さになったりして見えるのが魚津の蜃気楼だ。

蜃気楼は冬にも現われる。写真の蜃気楼は沖縄の冬の海で撮影されたものである。真冬でも二二度程度の暖かい沖縄の海。そこへ大陸生まれの一〇度以下の冷たい大気が流れ込み、上冷下暖の気層となって蜃気楼が発生したのだ。

真夏に見られる逃げ水や砂漠の蜃気楼も、この上冷下暖の気層が原因で発生する。

蜃気楼は幻想的なためか小説などの作品にもよく登場する。井上靖の『城砦《じようさい》』、江戸川乱歩の『押絵と旅する男』、福永武彦は『海市』を、そして芥川龍之介は死の五か月前に短篇「蜃気楼」を書いている。

ちなみに俳句の世界では「蜃気楼」は春の季語である。

蜃気楼
冬になると全国的に見られる浮島現象という下位蜃気楼である。
対岸の景色が水平線から浮かび、夜景も幻想的だった。沖縄県

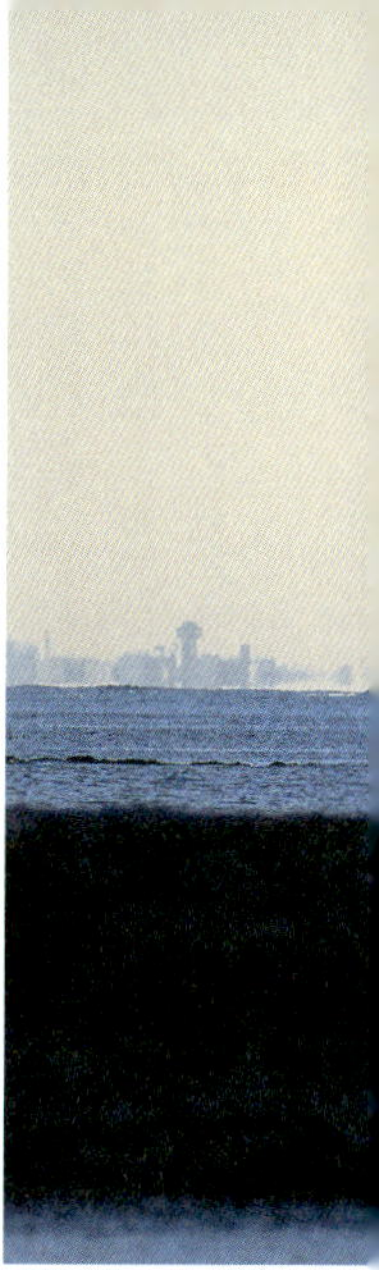

逃げ水

アスファルトに強い日差しが当たると、路面温度が上昇し、水があるかのように向こうの景色が映った。近づくとふつうの乾いた道路である。北海道

二重富士——武田氏の写真から命名された現象

空いちめんが茜色《あかねいろ》に染まり、富士山の黒いシルエットと逆光に輝く山腹の旗雲《はたぐも》、そして山頂の雪煙が燃えるように美しい。この写真にはもうひとつ不思議な現象がとらえられている。富士山の影が夕焼けの空に大きく映っているのだ。

この富士山の影はどのようにできたのであろうか。普通、影は光線に対して対象物の後方に現われる。しかし、この影は富士山より上に、それも富士山の向こう側、夕陽に近いところにあるように見える。不思議な光景である。

この影のでき方を推理してみよう。第一に、この影は富士山の向こうにあるのではなく、こちら側にできている。ただ、富士山の稜線の風下側にできる旗雲や山頂の雪煙が鮮やかに輝いているためにその付近の影が消え、あたかも影が向こう側にあるように錯覚してしまうのだ。第二に、この冬の空は、よく晴れているが風が非常に強い。それは旗雲が稜線にたなびいていること、山頂の雪が雪煙になっていることから推理できる。また風が強いために、大気中には多くの塵《ちり》や「もや」が舞っている。空が雲もないのに夕焼けのように輝いていることが、それを証明している。

このような気象条件のもとで太陽からの光線が富士山に当たると、それは映画を映すのと似た状況になる。光源が太陽で、スクリーンは冬の季節風により漂う塵である。ただ、見ている観客は塵のスクリーンの後ろ側にいることになる。映画館で観客が立ち上がるとスクリーンに頭が黒く映る場合があるが、あの状態に似ている。つまり、この場合富士山は観客の頭のようなものである。その影をもやのスクリーンの裏側から見たのが、この写真である。

気象現象では、スクリーンが一枚の幕でなく厚い大気層なので、富士山の近くではこの現象は見られない。写真の二重富士は、直線距離にして一二〇キロメートルと、遠い千葉県の松戸市から撮影しているために、見る側には厚い大気層がさしずめ一枚のスクリーンの役目をした大気のいたずらなのである。冬晴れの風の強い夕方など遥かに富士山を望む地方では見える可能性がある。

では、富士山が見られる地域はどのあたりまでか。武田氏は地球が丸いために約二三〇キロメートル以内と考える。山に登ればさらに遠くでも見られるが、県別には北から福島、茨城、栃木、群馬、埼玉、千葉、神奈川、東京、静岡、山梨、長野、富山、石川、福井、岐阜、愛知、滋賀、三重、京都、奈良の二〇都府県といわれている。

なお、二重富士は武田氏の撮影で初めて確認された現象である。

二重富士　太陽が富士山の真後ろにあり、富士山の影が上空のもやに当たり、影は富士山より手前にある。冬の季節風の強い日であった。千葉県

オーロラ——人生で一度は見たい現象の第一位

「一生のうちにぜひとも一度は観てみたいものは何か?」というアンケートで、よく一位に挙げられるのが「オーロラ」である。確かに憧れをかき立てられるが、マイナス三〇度以下にもなる北極や南極地方の真冬に観賞するとなると、誰でも気軽に観られるというものでもない。しかし、最近は北極回りルートの飛行機の窓から観たという人がいるので、注意していれば観られるかもしれない。

写真のオーロラは二〇二四年にアラスカのフェアバンクスで撮影された。暗黒の空を背景に、幻想的に発光する緑や黄色は高さによって色が変わり、白い点は星である。オーロラは透き通った神秘的なカーテンのようなものだ。

太陽風で刺激された地球磁気圏のプラズマ流は、地球磁場の磁力線に沿って北極や南極などの極域に向かうときがある。そのプラズマ流が、地上から約九〇~五〇〇キロメートル上空にある酸素原子などに衝突して発光する現象がオーロラだ。

オーロラの名はローマ神話の曙《あけぼの》の女神「アウロラ」からきている。中世のヨーロッパでは、人々から不吉な前兆として恐れられていた。また、オーロラがよく出現する極地でも、多くの民族は不気味な亡霊のゆらぎと考えていたようである。

日本では、明治時代以降「極光《きょっこう》」と呼ばれていたが、古記録では「赤気《せっき》」「火気《かき》」「紅霞《こうか》」「天裂《てんれつ》」などと記されている。不吉なものという認識はあまりなかったようだ。

戦前の中央気象台長（現在の気象庁長官）藤原咲平《さくへい》博士によると、天武天皇の治世（六八三年）以降四回の極光記録があるという。江戸時代の明和七年（一七七〇年）七月二八日のものは、京都、名古屋でも見え「赤き光が空に満ち……自然と太くなり細くなり蛍の光のように息をなし」とある。

極地方でしか見られないオーロラが、京都などに現われた。太陽活動が異常に活発になったためであろう。時に自然は人知を超えた姿を見せるものである。

太陽活動は約一一年周期で活発になり太陽黒点も多くなる。その極大期が二〇二四〜二五年だが、二〇二四年五月に太陽で大規模なフレアーが発生、世界各地の低緯度でもオーロラが見られた。日本でも北海道はもちろん東北、北陸、そして関西でも見られた。武田氏も栃木県日光市で低緯度オーロラを撮影した。日本付近の低緯度オーロラは北の地平線付近の空が一面に赤くなるのである。

それにしても、一度は観てみたいものである。

オーロラ
星空の中を、音もなくオーロラの光が揺れ動いた。オーロラの形はさまざまで、写真ではわからないが動きもおもしろい。2024年3月、アラスカのフェアバンクス

低緯度オーロラ

2024年５月に栃木県日光市で撮影した低緯度オーロラ。中央付近の赤紫色になっている部分で、模様はない。肉眼では淡い白色に感じた。2024年５月、栃木県日光市

［雨・雷・雪を見る］

寒冷前線――芥川龍之介の自殺の原因は？

一九二七年（昭和二年）の梅雨は早く明けた。東京では、七月一一日以降連日最高気温が三〇度を超え、二三日には体温に近い三五・六度の猛暑となった。しかしこの日、北から寒冷前線が近づいていた。寒冷前線が通過する前には暖気が流入するために、蒸し暑さは頂点に達した。

翌二四日にかけて寒冷前線が通過して雨になり、気温が前日より一〇度も下がった。二四日早朝、芥川龍之介が致死量の睡眠薬を服《の》み、自殺した。遺書には「ぼんやりした不安」と記されていたという。

芥川を死に至らしめた理由を推測するのは難しい。だが、その朝、日本列島を南下した寒冷前線による気象の急変も、生と死の間をさまよっていた神経に微妙に作用したのではないかと言われている。

低気圧の後ろに延びる寒冷前線では、暖かい空気のかたまりに冷たい空気がもぐり込むかたちになっている。強い上昇気流により積雲や積乱雲が発生して驟雨《しゅうう》（にわか雨）を降らせ、ときに雷や突風、雹《ひょう》などを伴って強く降る。また、前線通過の前と後では、気温や風向き、風の強さが急変するなど、低気圧の前に延びる温暖前線に比較して、気象の変化が激しい。

寒冷前線を含めて、低気圧モデルを気象学的にはじめて解明したのが、ノルウェー（後にアメリカに帰化）の気象学者ビャークネスである。一九一九年、弱冠二一歳のビャークネスは「移動性低気圧の構造について」という論文を発表した。これが現在、世界で広く天気図解析に用いられている低気圧モデルの原型なのである。

彼は、多数の地上観測値を天気図に記入して調べた結果、広い範囲で気温がほぼ一様な冷たい空気のかたまり（寒気団）と暖かいかたまり（暖気団）があって、その境界のところで天気が大きく変化することを発見した。この気温の違う二つの気団の接触する部分を「前線面」と呼び、この面が地上と交わるところを「前線」と名付け、低気圧は前線上に発生すると考えた。

このビャークネスの低気圧論以後、天気予報は急速に発展し、現在に続いているが、まだ一〇〇点を取れてはいないのである。

寒冷前線

寒冷前線が通過するとき、冷たい空気とともに雲が垂れ下がるようにやってきた。寒冷前線は強い雨や風をもたらすことがある。

茨城県

驟雨《しゅうう》——馬の背を分ける雨

一天にわかにかき曇り、生ぬるい風が吹き抜け、やがて大粒の雨が降り始める。その寸前の瞬間をとらえたのが、この写真だ。

そんな情景を詩人は次のように表現する。

「雨風のあわただしさよ、／――悲しみに呆《ほう》けし我に、／雨風のあわただし音《ね》よ」

（中原中也「風雨」より）

写真を撮っている時点では、撮影者の武田さんのいる場所ではまだ雨は降っていない。この後、またたく間に雷を伴った大粒の雨が降ってきたという。

写真の右半分に注目してほしい。上空の黒雲からカーテンのように地上に降りてきている白く煙ったところは、ちょうど雨が降っている部分だ。このように、観測者自身のいる場所では降っていないが、遠くで降っているのが観測できた場合を、気象観測では「視程内降水《していないこうすい》」と呼んでいる。視程内降水は「馬の背を分けて降る」といわれる夏の夕立や驟雨のときによく観測される。

驟雨や夕立を降らせる雲は積乱雲である。遠くから見れば白く輝き、夏を感じさせる積乱雲も、その真下では、太陽光線はさえぎられ、雲は黒く垂れ下がり、あたりは真昼でも薄暗く不気味な様子になっている。

夏の夕立といえば、日本には昔からいろいろな名前がある。遠くに雷を聞いてから、ご飯やお茶漬けを三杯食べるくらいの間に雷雨になることから「三杯雷」。日本でも有数の雷発生地である栃木県では、稲を三束たばねるうちに雨が降ってくるところから「三束雷」。語呂が近いことから、それが「山賊雨《さんぞくあめ》」になったりしている。また、急な夕立にあって肘《ひじ》を笠《かさ》のようにかざしてよける姿から「肘笠雨」、激しく降る雨が白く見えるところから「白雨《はくう》」。その他「通り雨」、「喜雨《きう》」、沖縄では「カタブイ」など、たくさんある。それだけ気象が生活や文化と深くかかわっていたというべきなのであろう。

とくに夏の夕立は、蒸し暑い時期にひとときの涼しさを運んでくれる風物詩として、絵画や文学にも多く取り上げられている。

驟雨

積乱雲が近づき暗くなり、雲の下には雨柱ができた。10分ほどでやってくると、前が見えないほどの激しい雨になった。千葉県

雷――〝地震・雷・火事・親父〟

昔、恐ろしいものの代表として「地震・雷・火事・親父」と言ったが、確かに写真のような落雷に遭遇すると、凄まじい音と光に身もすくんでしまう。古《いにしえ》人が雷に自然の驚異を感じたのもうなずける。そこで、雷は畏怖する対象として神聖化され敬われてきた。

日本では『古事記』の「神代巻」の中で「建御雷之《たけみかづちの》男神《おのかみ》」や「八はしらの雷神《いかづちがみ》」、「正勝吾勝勝速日天忍穂耳命《まさかつあかつかちはやひあめのおしほみみのみこと》」の三つの神として登場している。また、学問の神様の菅原道真も雷公「火雷天神」として信仰されている。

外国でもエジプトの神セス、ギリシャの神ゼウス、旧約聖書の異教神バアルなど、雷の神はたくさんいる。

雷は昔、「鳴神《なるかみ》」とも言った。雷の光は「稲妻」や「稲光」と呼ぶが、稲妻は「稲の夫《つま》」の意味であり、「稲つるび」に由来するという。昔の人は、稲と電光が結ばれることで、稲がたわわに実ると考えていた。おそらく雷雨があるような暑くて雨が降る真夏の気候が稲作には適しているからそう思ったのであろう。

雷はフランクリンの凧《たこ》の実験で、一七五二年に電気であることが発見されたが、いまだに不思議な現象であることに変わりはない。

雷は発達した積乱雲の中で起こるが、積乱雲は上昇気流によって発生する。そこで、雷は上昇気流の起こり方で分類されている。真夏に強い日射で地面が熱せられて起きる雷は「熱雷」。春雷などのように寒冷前線付近の上昇気流がもとで発生する雷を「界雷」。熱雷と界雷が重なって発生する雷は「熱界雷」と呼び、規模が大きくなる。

稲妻や幕電《まくでん》（一六〇ページ参照）は遠くまで見えるが、雷鳴は音波のエネルギーが四方八方へ分散するために一五〜二〇キロメートルほどで聞こえなくなる。昔の人も「雷三里」と言った。ちなみに、三里は約一二キロメートルである。

雷は、現代の高度情報化社会では、落雷に伴う停電がコンピュータに影響するなど、大きな問題を起こしている。米国では毎年約二〇〇〇万発もの落雷があり、数百人が死亡、停電事故の約半数は雷が原因、電力会社では年間約一億ドルもの損害が出るという。日本での落雷による死者は、ゴルフなどレジャー中の事故など、最近は十数人（一〇〜二〇人）程度となっている。

昔も今も、雷は恐ろしいのだ。

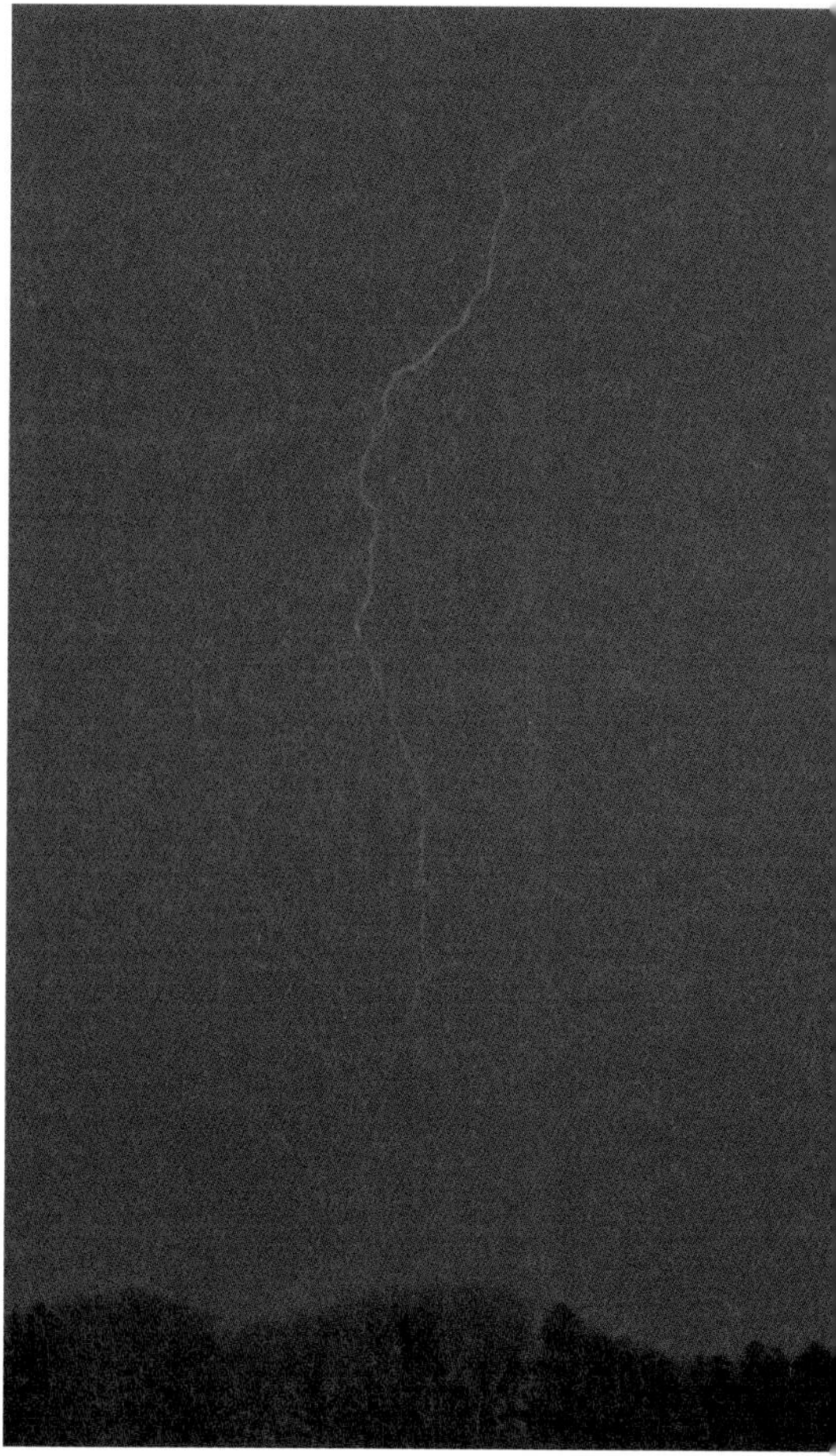

雷

雷雲が近づき、危なくない場所から落雷のシーンを狙った。肉眼では稲妻が1本だけ見えたが、写真には細い稲妻もあって興味深い。千葉県

幕電《まくでん》——増加している雷日数

蒸し暑い真夏の日、空がにわかにかき曇り、稲光を伴った篠突《しのつ》く雨。それも一時のことで、雷雨の後の爽快な冷気。雷は夏の風物詩であり醍醐味《だいごみ》でもある。電光、雷鳴、雷電、稲妻、稲光など、雷は音や光が派手で、気短な江戸っ子のような自然現象だ。そんな雷の「幕電」現象をご存じだろうか。

遠方の雷によって、音もなく夜空が瞬間的に光る場合や、写真のように電光が雲にさえぎられて見えず、雲全体が光る現象を「幕電」という。

幕電については、雪の研究で有名な中谷宇吉郎《なかやうきちろう》博士が、著書『雷』（岩波新書 一九三九年初版）に「幕電は非常に遠くまで見えるもので、よくフランスからベルギーへかけて雷雨が進行する際に、英国で幕電として観測されている。……英国で五年間にわたって各種の幕電の色を調査した人がある。その結果、幕電には白、赤、黄、青、緑、黄金色、紫と、色々なものがあったそうである。……東京でも一二、三年前に非常に綺麗な緑色の幕電を見たことがあるが、幕電の色などにも、少し注意すれば面白いことが見付かりそうである」と書いている。

写真の幕電もピンク色で美しく、何か荘厳ですらあるが、幕電という言葉は日常あまり使われない。なぜだろう。同様の言葉に「遠雷」があり、絵や小説の題名などに使われている。遠雷の方が詩的で余韻が感じられる言葉なのだろうか。

ところで、雷の発生に時代の変化はあるのであろうか。一九六一年から九〇年の三〇年間の記録では、東京では一年間平均で一〇日、宇都宮二二日、新潟二五日、金沢三四日であった。東京や宇都宮など太平洋側では夏に多く、新潟や金沢の日本海側では冬に多くなっており、年間では日本海側の地域の方が多くなっている。日本海側で冬に多いのは冬の季節風に対して相対的に暖かい日本海で暖められ、雪雲である積乱雲が発生し雷が多くなるからだ。この冬の雷を地元ではこれを「鰤《ぶり》起こし」などと呼んでいる。

気候の変化で都会の雷が「多くなった」、「いや少なくなった」と議論されているが、一九九一年から二〇二〇年の三〇年平年値を見ると、東京一五日、宇都宮二七日、新潟三五日、金沢四五日と大幅に増加している。雷も温暖化や気候変動の影響を受けているようだ。さらに、ヒートアイランド化した都会では、夕立の後も一向に涼しくならないなど、風物詩的な風情が薄れてきたことは確かである。

幕電　遠くの積乱雲が雷によって一瞬輝いた。遠いので音はしない。日本海側の冬では、空全体が一瞬光った直後に激しい雷鳴が轟いた。栃木県

露《つゆ》――雪迎え・天使の髪

空に浮かぶ「雲」と昆虫の、いや、昆虫ではないサソリやダニの仲間で、魑魅魍魎《ちみもうりょう》の世界にも登場する「蜘蛛《くも》」が、なぜ同じ「くも」と発音されるのであろうか。調べてみたが、そこに言及した書物は残念ながら見つからなかった。偶然なのだろうか。気になるところである。

あまり好まれない蜘蛛であるが、虫を捕捉する放射状に張られた巣には、造形的な美しさがある。さらに自然は、時に思わぬ創造美を見せてくれる。それが写真の蜘蛛の巣に付いた鎖状になった露である。網状の巣に付いた大小さまざまな丸い球の露は、まさに真珠のネックレスのように美しい。この情景は雨上がりにも見られるが、よく観察していないと見過ごしてしまう繊細なものだ。

露は空気中の水蒸気が地上にある物の表面で凝結してできた水滴である。たとえば、よく晴れた朝など、外に放置した自動車の外装やフロントガラスが、しっとり一面に湿っていることがある。これは、昼間は太陽によって暖められていた地上付近の空気が、晴れた夜に上空に逃げてしまう現象である放射冷却によって冷やされ、その付近の空気中の水蒸気が飽和し、水に変化して自動車に付いたものである。

　露は、風が弱く昼と夜の気温差の大きい秋や夏の高原などで発生しやすい。冬など、初めから付近の気温がマイナスであれば水蒸気が一気に氷になってしまう現象、「昇華」をして「霜」となる。

　ちなみに露は俳句の世界では秋の季語である。季語と言えば、蜘蛛はサソリ、ムカデ、蛇などと共に夏の季語となっている。

　蜘蛛と天気の関係では、秋も深まり晩秋の雪もそろそろという頃、小春日和の快晴・無風の日に、小さな蜘蛛が枯枝や枯草の先に上って、糸を上空に伸ばし、上昇気流に乗って空を飛ぶ「雪迎え」という現象がある。雪が降ってくる頃に現われるのでこの名がついた。かつて山形県などでよく見られたというが、現在はいかがであろう。

　この「飛行グモ」を、ヨーロッパでは「天使の髪（angel hair）」とか、「ゴサマー(gos-samer)」と呼び、一四世紀ころには「聖母マリアの昇天の際の経かたびらのほつれ糸」と信じられていたという。ともに趣のある言葉である。

露
秋は霧がでやすく、朝に葉やクモの巣にたくさん水滴が付いていることがある。太陽光が当たると虹色に輝く場合もある。千葉県

雪の結晶——雪は天からの手紙である

六角形の雪の結晶を初めて見たときの感動は忘れられない。その雪の結晶の美しさをどう表現したらよいのだろう。

北海道大学の中谷宇吉郎博士は、「初めて完全な結晶を覗いて見た時の印象はなかなか忘れがたいものである。……冷徹無比の結晶母体、鋭い輪郭、その中に鏤《ちりば》められた変化無限の花模様、それらが全くの透明で何らの濁りの色を含んでいないだけに、ちょっとその特殊の美しさは比喩を見出すことが困難である」と書いている（『中谷宇吉郎随筆集』「雪を作る話」岩波文庫　一九八八）。

こんな美しい雪の結晶は、その美しさを誰に見られることもなく深々《しんしん》と降り積っていく。

その結晶を日本で最初に観察し、記録に残したのは、江戸時代の下総国古河藩《しもうさのくにこがはん》（現在の茨城県古河市付近）の殿様、土井利位《どいとしつら》である。

利位はオランダから手に入れた顕微鏡を使って雪の結晶をスケッチした。一八三二年（天保三年）に著した木版刷りの冊子『雪華図説《せっかずせつ》』、さらに続編を含め、全部で一八三の雪の結晶を描き、日本で最初の雪の自然科学書をまとめた。

その約一〇〇年後の一九三六年（昭和一一年）に「雪は天から送られた手紙である」という詩のような言葉を残した中谷宇吉郎博士は、世界で初めて人工で雪の結晶を作ることに成功した。

中谷博士は、雪の結晶の形は気温と湿度の違いで決まり、結晶の核になるものが必要であることなどを発見した。自然界では空気中の塵《ちり》やほこりが核となるが、博士は苦労の末に、ウサギの毛を核として結晶を作る実験に成功した。

雪の結晶を見れば上空の気温や湿度が分かることから前述の「雪は天から送られた手紙である」の名言が生まれた。

その結晶を武田さんが撮影したのが次ページの雪の結晶写真である。美しく見惚れてしまう。しかし、よ～く見ていただきたい。樹枝の一枝を見ると正確に左右対称にはなっていない。だが、全体的にはシンメトリーが成立している。自然の妙である。

樹枝状、北海道

鼓状、群馬県

雪の結晶

北海道大雪山旭岳の中腹などで、マイナス五度からマイナス一〇度の気温で降ってきた雪の結晶。青い板に受けて撮影した。

樹枝状、北海道

扇状、北海道

日本海側の雪雲──津軽の七雪

北山時雨《しぐれ》、小夜《さよ》時雨、初時雨、村時雨……。京都盆地や日本海側の地方に降る時雨は、晩秋から初冬の風情ある雨である。

また、冬の津軽には「こな雪」「つぶ雪」「わた雪」「みづ雪」「かた雪」「ざらめ雪」「こほり雪」の七雪が降ると、太宰治『津軽』の初版（小山書店　一九四四年）扉裏に書いてあるように、さまざまな雪が降る。

同じ雨や雪でも、降り方や地域などの違いを微妙に分け、それぞれ名前を付けて呼ぶのは、日本人の季節や自然に対する慈しみからであろう。

初冬から冬本番にかけて時雨や雪をもたらすのが、冬の日本海の空に暗く不気味に発達した写真のような発達した積雲である。撮影した武田さんによれば、当日は晴れたり雨が降ったりの変わりやすい天気で、荒れた日本海からは次々と雲が押し寄せてきていたという。その言葉通り、写真には晴れた明るい青い空が見えている一方で、時雨や雪のもととなる、水蒸気をたっぷり含んで発達した積雲や積乱雲が、暗雲となって次々にやってきている様子がわかる。

冬、西高東低の気圧配置の時、気象衛星「ひまわり」からの画像には、日本海に筋状の雲列が現われる。それを海岸線から見たものが写真のような雲なのだ。

日本海の海水温は、対馬暖流の影響で冬でも一〇～一五度と暖かい。そこへシベリア大陸生まれの、地上でもマイナス一〇度以下の北西季節風が流れ込むと、相対的に非常に暖かい海面から盛んに蒸発が起こる。その蒸発のさまはよく目撃でき、これを「けあらし」と呼んでいる（一七六ページ参照）。

冷たい空気が、日本海で熱と水蒸気をたっぷり含み、積乱雲に発達して日本列島にやってくる。その雲が脊梁《せきりょう》山脈に塞《せ》き止められて、風上の日本海側に雪を降らせることになる。このとき上空の気温が低いほど大気の状態は不安定となって雲を発達させ、雪の量は多くなる。最低気温の目安として、日本列島の上空約一・五キロメートルでマイナス一五度、約五キロメートルの気温がマイナス三五度以下の場合には大雪に対する警戒が必要になる。

日本海側の雪雲　青空が見えている空に、灰色の雪雲が迫ってきた。北西の季節風で波も荒かった。もっと大きな雲だと雷も起こり、あられも降る。富山県

けあらし――霧《きり》・靄《もや》・霞《かすみ》・朧《おぼろ》

海面から激しく立ち上る水蒸気。それは朝の光を受けて暖かい湯気のように見える。この現象は、通常、厳寒の北国の冬、晴れて風も弱く気温がマイナス一五度くらいまで下がった朝の港などでよく発生する。この写真からは、あまり苛酷な印象は受けないだろうが、本来は寒く厳しい気象現象を象徴する現象だ。

この現象を北海道では「けあらし」と呼ぶ。「北陸地方で使われていた「きあらし」が北海道に入植した人によって伝えられ、訛《なま》ったものと思われる」といわれているが、その語源は定かではない。確かに、「けあらし」は『広辞苑』をはじめ辞典類にも気象関連の事典にもない。ただ、「sea smoke（海の煙）」の解説の中で、「けあらし」と呼ぶ地方がある、という記述があったのみだ。一般的な言葉だと思っていたので、意外だった。ちなみに対馬地方では「寒ケブリ」と呼ばれているという。

けあらしは、気象学的には蒸発霧の一種で、「蒸気霧」である。蒸気霧は、雪原や氷原などで冷やされた大気が相対的に暖かい海面上に流れでたときに、海面から急速に蒸発した水蒸気が冷気の中で凝結してできる霧である。

霧のでき方として他に、湿った暖かい大気が冷たい地表や海面上を移動するときにできる「移流霧」がある。夏の釧路地方の「海霧」はこれである。

寒い晴れた日の朝、地面の放射冷却による気温低下が原因で発生する「放射霧」は、場所によって「都市霧」「盆地霧」と呼ばれる。

山で雲が下から湧いてくるのを経験された方は多いだろうが、これも気象学では霧に分類され、湿った空気が山の斜面をはい上がるときに出来る「滑昇霧」という。前線通過に伴って発生する「前線霧」もある。

また、霧は雲が地上に接した場合であり、水平視程（見える距離）が一キロメートル未満をいう。ちなみに一キロメートル以上見える場合は「靄」である。

さらに気象用語では認知されていないが、俳句や文学などの世界では、春の霧は「霞」、春の夜の霧は「朧」と使い分けられる。こうした言葉から、日本人の自然に対する繊細な感覚が伝わってくる。

けあらし

冬のはじめに冷たい季節風が吹くと、朝の海上にたくさんの蒸気霧ができ、幻想的な風景になった。水温が下がるとできなくなる。茨城県

屈折、反射、回折、散乱、視半径

夕立のあとの虹《にじ》、太陽光が巻層雲等でおおわれ発生する暈《かさ》、雲の縁が色づく彩雲など、太陽や月の光の反射、屈折、回折、散乱、干渉などの光学現象を大気光象という。非常に小さな氷の結晶や水滴でできている雲に太陽や月の光が当たると、氷の結晶や水滴の形や大きさにより光の方向が変化して大気光象が発生する。

屈折：屈折は光が異なる物質の境界などで曲げられること。光が屈折する角度は光の色によっても違う。プリズムで光が七色に分かれるのは屈折による。

反射：光や電波などが水滴や他の物に当たってはね返ること。虹は太陽光が雨粒に当たると水滴の表面で屈折して水滴内に入り、さらに反射して側面で出ていき、太陽の反対方向の雨のカーテンで虹となる。

回折：光は波の性質を持っているため粒子に当たるとその後方に回り込む性質がある。これを回折という。光の波長が長いほど大きく回り込むので赤い光ほど大きく回り込み、波長の短い青や紫は小さい輪になる。光環や彩雲は小さな水滴の雲による回折現象で発生する。

散乱：光が小さな粒子（雲粒や空気分子など）に衝突して、いろいろな方向へ拡散すること。空気では色ごとに散乱が違い、空が青いこと、夕焼けが赤いことなどに関係する。

視半径：太陽の中心と観測者を結ぶ線と、発生している現象と観測者を結ぶ線との角度をいう。内暈を作る視半径二二度とは、現象が太陽から二二度離れたところで円形に見えることである。

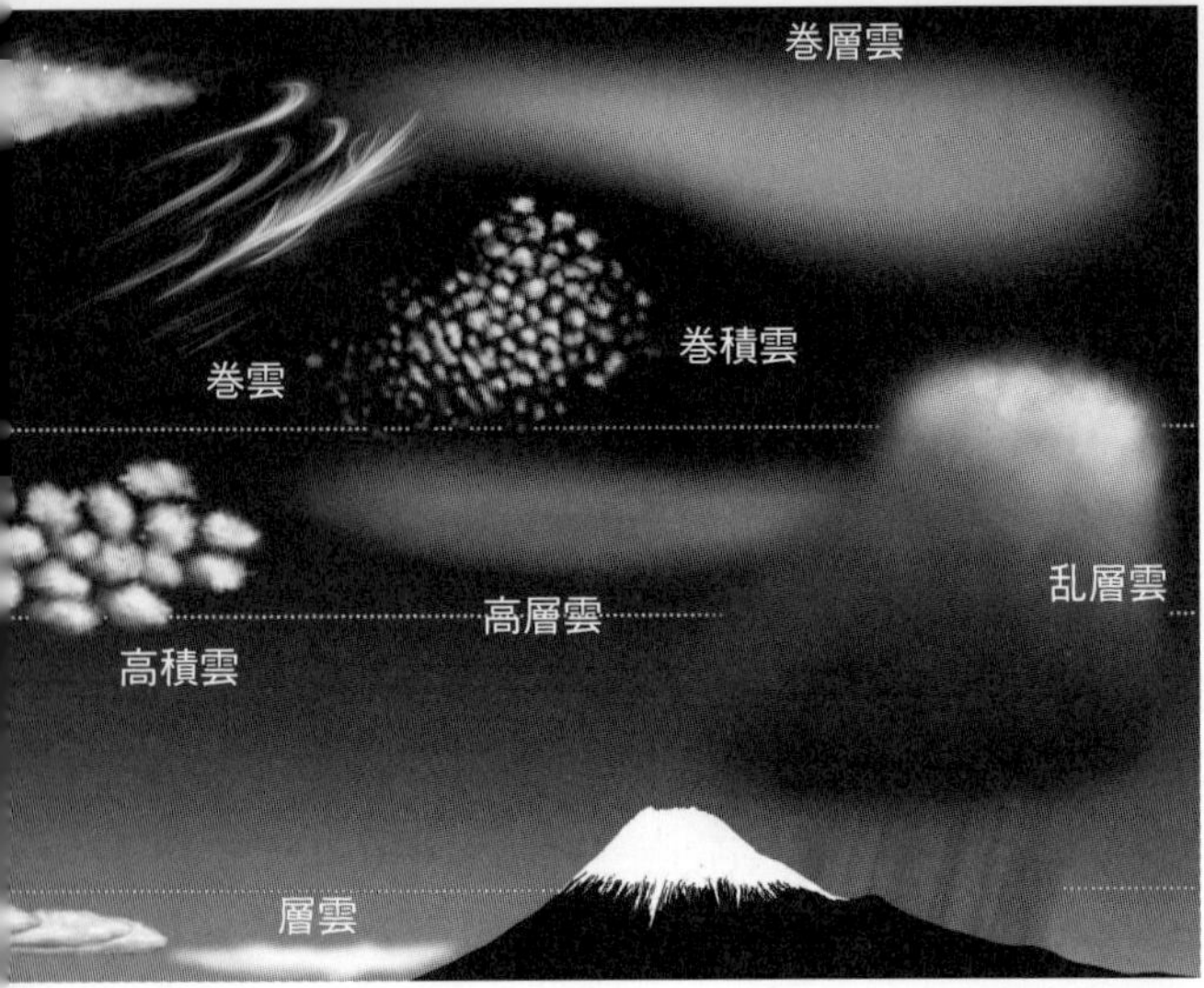

イラスト・安原萌

10種雲形の図と表

92ページの「10種の雲形」参照

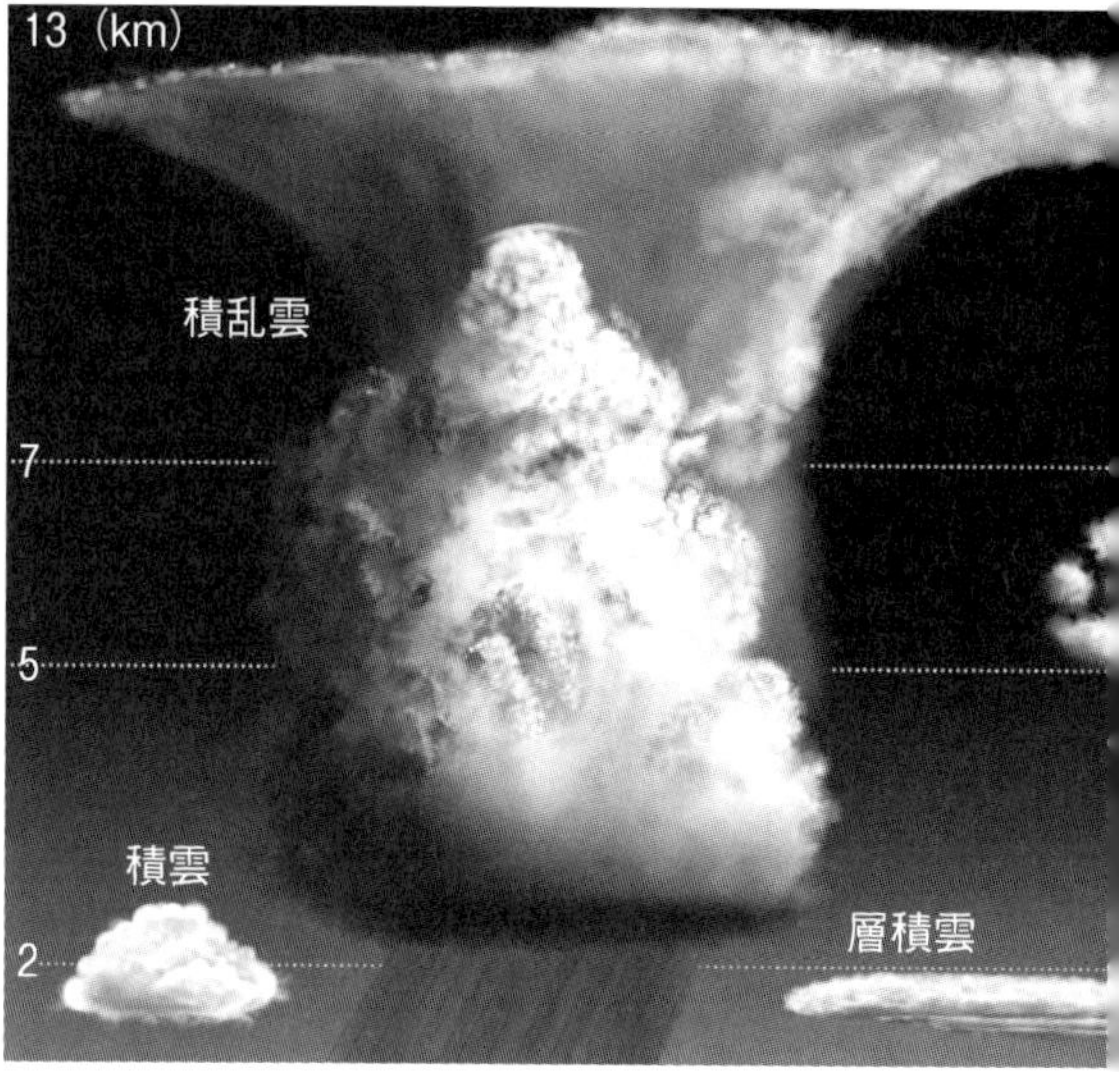

雲の高さの分類	正式名称	俗称・通称	雲粒の種類（日本）
上層雲 発生高度 5～13km	巻《けん》 雲《うん》	すじ雲	氷晶
	巻積雲《けんせきうん》	うろこ雲、いわし雲	水滴または氷晶
	巻層雲《けんそううん》	うす雲	氷晶
中層雲 発生高度 2～7km	高積雲《こうせきうん》	ひつじ雲、むら雲	おもに水滴
	高層雲《こうそううん》	おぼろ雲	おもに水滴
	乱層雲《らんそううん》	あま雲、ゆき雲	水滴と氷晶
下層雲 発生高度 地表～2km	層積雲《そうせきうん》	うね雲、くもり雲	水滴
	層《そう》 雲《うん》	きり雲	水滴
	積《せき》 雲《うん》	わた雲、にゅうどう雲	水滴
	積乱雲《せきらんうん》	かみなり雲、にゅうどう雲	水滴と氷晶

おわりに

平沼洋司

「ちくまプリマーブックス」の一冊として『空を見る』が出版されたのは二〇〇一年一月だった。原稿は、一九九七年から二〇〇〇年まで『日経サイエンス』に「空模様」と題して連載されたものである。『日経サイエンス』からの依頼は、「天気現象」の写真と共に、それにまつわる生活や文化の話を書いてみないかというものであった。写真家では当時まだ面識はなかったが、空や雲の写真を撮る気になる人がいた。千葉県の高校で地学を教えていた武田康男氏だ。武田氏は生徒に自然の感動を伝えたい、と空や雲の写真を撮り続けていた。非常に行動的な方で、休暇には山や海のフィールドにいる方が多いという人で、このときすでに魅力的な雲の本を出版しており、ぜひ一緒にと口説いた次第である。

連載は三年半続いたが、連載終了を待っていたかのように一冊の本にまとめることを提案してくれたのが筑摩書房の磯知七美さんだった。

出版後、二〇〇一年の第四七回青少年読書感想文全国コンクール（応募総数全国で四〇四万篇）で、この本を読んで感想文を書いてくれた名古屋の中学生、原田宗幸さんが中学生部門の第一位の内閣総理大臣賞に輝いた。その表彰式に招かれ武田氏と参加したが、式典に天皇・皇后陛下（当時は皇太子殿下と皇太子妃殿下）がご臨席されたのが良い思い出となっている。

また、二〇〇三年度の中学校道徳『あすを生きる』（日本文教出版）に、この本の「雲海」が掲載されたことも嬉しいことであった。

それから約四半世紀後の二〇二四年に筑摩書房編集部の井口かおりさんから『空を見る』を文庫本にしましょうと声をかけていただいた。だが、出版から二三年が経過しており、この間の世の中における変化は速く、社会や自然環境も大きく変わっているために、内容を大幅に変更する必要性を感じた。

この間に、武田氏は南極観測の越冬隊に参加するなど、日本を代表する空の写真家になり、その素晴らしい写真は世に広く認められていた。そこで文章も写真も大幅に変更することとした。

しかし、「青空」（二六ページ）の写真に写る富士山頂上の白く輝く「富士山気象レーダードーム」のように現在すでに存在していないなどの貴重な写真は残した。そして新しい項目も八つ加えた。加えた項目は、「都会の空」「ゆきあいの空」「空と人と風と」「赤い夕焼け・青い夕焼け」「台風・ハリケーン・サイクロン」「カルマン渦」

「一〇種雲形」「雪の結晶」である。

この作業中も武田氏は、オーロラの写真を撮りにアラスカへ出かけたり、活発な太陽活動の影響で日本でもオーロラが見られそうだと観測したり、尾瀬の山開きに出かけたりと、精力的に行動されていた。なお、その最新のオーロラや栃木県で観測されたオーロラもこの本には掲載している。

さらに、項目に「サブタイトル」を付けて写真だけを見るのではなく、文章も読んでいただけるように心がけた。

私は、気象を一生の仕事に選び、勤務した地は東京・沖縄・成田空港・栃木・伊豆半島・福井など六カ所で、そこで天気予報や防災関連業務に携わってきた。定年後も講師などで気象に関わり、二〇二四年に傘寿を迎えた。この年齢になり本を出版できる幸せを感じており、多くの方々、特に若い方に読んでいただけることを希望している。

二〇二四年五月

おわりに

武田康男

一九九七年頃に平沼氏から連載の写真提供を頼まれ、膨大なポジ（当時はフィルム）からベストな写真を選んで渡していました。平沼氏の文章は科学と文化が融合した奥深い内容で、私が感動した空の光景からふさわしい写真を選びました。

それから一〇年あまりして、私は南極観測越冬隊員となって南極で空を観測し、さらに世界や日本の空を探りたくなり、「空の探検家」として独立しました。空のあらゆる現象を現場に行って確認し、写真に記録して本などで発表するというスタイルを続け、著書は約三〇冊になりました。大きく写真を扱う本がほとんどなかった時代に、『空を見る』の出版はその先がけでした。

今回リニューアルした『新編　空を見る』では、写真を三〇点ほど新しくしました。私が探究して撮りためた写真からベストなものを選びました。カメラがデジタルとなり、枚数を意識せずに決定的な場面を撮れるようになりました。ただ、当時のブローニー判のポジも解像度や色がよく、写真に残したものも多いです。何十年経ってもなかなか撮れない現象があるのです。

この五〇年間の空を振り返ると、大気汚染で都心から富士山がほとんど見えない時代や、国内外でPM2・5が増えた時代を経て、最近の大気環境はよくなってきました。ただ、地球温暖化やヒートアイランド現象などにより、猛暑日が増え、冬が暖かく、春や秋が短くなった感じで、雲のでき方も変わってきています。激しい雨も降りやすくなっています。

日本人は昔から空をよく見ていました。今でも天気予報をしっかり確認し、傘の準備をしています。空を見ることで天気や季節を知り、感性を豊かにし、楽しい発見もあります。『新編　空を見る』はこれからも生き続けます。

二〇二四年五月

プロフィール

平沼洋司［ヒラヌマ・ヨウジ］
一九四四年生まれ。東京理科大学卒業。気象庁長期予報課、沖縄気象台予報官、気象庁予報官、成田航空気象台主任予報官、気象庁網代測候所長を歴任。気象予報士。航空保安大学校講師、朝日カルチャーセンター講師。著書に、『お天気生活事典』（朝日新聞出版）、『空の歳時記』（京都書院）、『気象歳時記』（新世紀出版）、『ビジュアル博物館　気象』（同朋舎）、『ビジネスマンのための気象情報活用術』（ＰＨＰ研究所）、『くらしとビジネスのお天気経済学』（恒友出版）、『最新気象の事典』（東京堂出版、共著）など。

武田康男［タケダ・ヤスオ］
一九六〇年生まれ。東北大学理学部卒業。元高校教諭、第五〇次日本南極地域観測越冬隊員、大学客員教授・非常勤講師、気象予報士、空の写真家。日本気象学会会員、日本雪氷学会会員、日本自然科学写真協会理事。著書に『楽しい気象観察図鑑』（草思社）、『雲の名前、空のふしぎ』（ＰＨＰ研究所）、『空の探検記』（岩崎書店）、『今の空から天気を予想できる本』『虹の図鑑』『楽しい雪の結晶観察図鑑』（緑書房）、『空の見つけかた事典』（山と溪谷社）など。

推薦文

「季節の心地良さが詰まっています。」**森田正光**（気象予報士）

本書は、『空を見る』の書名で二〇〇一年に筑摩書房のちくまプリマーブックスの一冊として刊行されたものに、加筆、写真を増補、編集したものです。